测绘地理信息科技出版资金资助

时空大数据的技术与方法

Techniques of Spatio-Temporal Big Data

边馥苓　主　编
孟小亮　崔晓晖　副主编

测绘出版社
·北京·

© 边馥苓　2016
所有权利(含信息网络传播权)保留，未经许可，不得以任何方式使用。

内容简介

本书在对时空信息和大数据相关概念认识的基础上，描述大数据应用于时空信息处理方面所需的软硬件平台，分析时空大数据库与传统时空数据库和大数据存储的区别，探讨时空大数据分析对测绘学科的贡献，提出时空大数据快速计算的方法，并探索时空大数据及其处理技术存在问题的解决方法和未来的发展方向。本书沿着时空大数据处理技术主线，从时空信息与大数据两个方面进行结构组织，内容紧跟学术研究前沿，具有一定的前瞻性。

本书不仅可以作为空间信息与数字工程、计算机、测绘和物联网等领域科技工作者的参考书，还可以作为研究生课程的专业教材。

图书在版编目(CIP)数据

时空大数据的技术与方法/边馥苓主编. 一北京：测绘出版社，2016.5 (2018.4 重印)
ISBN 978-7-5030-3937-9

Ⅰ. ①时…　Ⅱ. ①边…　Ⅲ. ①空间信息技术一研究
Ⅳ. ①P208

中国版本图书馆 CIP 数据核字(2016)第 100000 号

责任编辑　雷秀丽　**封面设计**　李伟　**责任校对**　董玉珍　**责任印制**　陈超

出版发行	测绘出版社	**电　　话**	010—83543956(发行部)
地　　址	北京市西城区三里河路 50 号		010—68531609(门市部)
邮政编码	100045		010—68531363(编辑部)
电子邮箱	smp@sinomaps.com	**网　　址**	www.chinasmp.com
印　　刷	北京京华虎彩印刷有限公司	**经　　销**	新华书店
成品规格	169mm×239mm		
印　　张	10.5	**字　　数**	203 千字
版　　次	2016 年 5 月第 1 版	**印　　次**	2018 年 4 月第 2 次印刷
印　　数	1001—1500	**定　　价**	43.00 元

书　　号　ISBN 978-7-5030-3937-9
本书如有印装质量问题，请与我社门市部联系调换。

主　编： 边馥苓

副主编： 孟小亮　　崔晓晖

编　委（按姓氏拼音为序）：

韩　波　　李晓剑　　谭喜成

田扬戈　　王黎维　　王志波

前　言

统计研究表明,85%以上的大数据都与时空信息相关。随着集成电路与芯片、传感器网络、移动定位、无线通信、移动互联网、高性能计算与存储技术的快速发展与普及,数据采集与计算单元的外延不断扩展,地球电子皮肤、人人都是传感器的梦想正在逐步付诸实践。到2020年,全球产生的数据量的总和将达到40 ZB。而随着定位技术的进步,大数据的位置标签越发精确,空间隐喻越发显著。例如,正是因为有了卫星定位、Wi-Fi、移动通信蜂窝定位技术及其微陀螺、加速度计等各种微小传感器的支持,才使得之前虚拟的社交网络系统发展到客观世界与虚拟世界相融合的基于位置的社交网络,并成为互联网企业的必争之地。泛在、互动、非专业、实时、按需服务的新地理信息时代,无疑也将是时空大数据大放异彩的时代。在新地理信息时代多学科交叉中的大测绘科学快速发展的趋势下,本书作者及其所在的科研团队一直在时空大数据相关教学与科研实践中摸索前进。

哲学、物理、天文、数学、地学分别从各自学科的角度对时空现象进行了研究,计算机科学、人工智能等领域的专家学者更借助计算机技术,根据不同应用需求,对地理实体的空间、时间和属性维度同时进行研究和处理,但由于受计算机软硬件环境和相关技术方面的限制,存在着诸多困难。因此,人们的研究思路主要集中在只考虑空间、时间和属性特征中任两个变量的情况,近年来,随着软硬件环境的改善和大数据技术被广泛研究,关于时空信息处理的研究也逐渐增多起来。本书主要分析时空信息与大数据的关系,讨论时空信息处理面临的新研究需求,以及时空大数据平台架构、时空大数据库、时空大数据分析方法、时空大数据的快速计算模型等关键解决技术,总结时空大数据在社交网络、交通运输、公共卫生与医疗、地质灾害监测与预防、竞技体育等方面的成功应用,具有较高的学术价值和应用价值,对空间信息与数字技术专业及大测绘学科的发展都能起到积极的推动作用。

近年来,国内外大数据领域的书籍层出不穷,大多数是对大数据的产生和发展、基本原理与主流技术,以及应用领域做相关阐述。国内外相关研究多是基于传统测绘学科的研究并发展创新,其中空间信息相关理论和应用书籍也比较多,但目前市面上没有一本涵盖时空信息与大数据结合内容的应用技术专著,本书的目的之一是填补这方面的空白。本书在对时空信息和大数据相关概念的认识基础上,描述大数据应用于时空信息处理方面所需的软硬件平台,分析时空大数据库与传统时空数据库和大数据存储的区别,探讨时空大数据分析对大测绘学科的贡献,提出时空大数据快速计算方法,并探索时空大数据及其处理技术现今存在问题的解决方法和将来的发展方向。本书沿着时空大数据处理技术主线，从时空信息与大数据两个方向进行结构组织，内容新颖独特，紧跟学术研究前沿，具有一定的前瞻性。

本书由边馥苓主编，负责选题、结构和内容的确定。由下列人员负责各章节的执笔编写：第 1 章孟小亮，第 2 章李晓剑，第 3 章谭喜成，第 4 章王黎维，第 5 章田扬戈，第 6 章韩波，第 7 章王志波。最后由边馥苓、孟小亮、崔晓晖负责审校和定稿。

由于时间紧促，本书内容在深度和广度上可能存在不足，恳请广大读者多提宝贵意见。

边馥苓

2016 年 5 月

目　录

Contents

第1章　从空间信息到时空信息

1.1　时空信息内涵

1.1.1　空间认知——空间数据、空间信息与空间知识

人们对地理空间的认知主要来源于对地理实体、地理事件、空间对象、空间关系等空间数据、空间信息与空间知识的认知。

空间数据一般是通过地面测绘技术、摄影测量、土地调查、全球定位系统(Global Positioning System,GPS)、遥感(remote sensing,RS)、数字化、传感器及无线传感器网络、空间数据复合等采集手段与技术(边馥苓,2011a),将关于现实世界的模拟信号转换成计算机能够识别、加工处理与分析的具有某种特定数据组织结构的数据。空间数据主要指以地球表面空间位置为参考的自然、社会、人文和经济数据等,用于描述呈现二维、三维,甚至多维分布的实体或现象的空间位置、形态、属性和空间关系。常用的空间数据包括矢量数据、遥感影像、数字高程模型、三维空间目标,可量测的立体影像数据等多源空间数据。

空间数据所表达的信息称为空间信息,反映了空间实体的位置以及与该实体相关联的各种附加属性的性质、关系、变化趋势和传播特性等的总和(边馥苓,2008,2009),其三要素可以表现为地点、时间和对象。它代表着现实世界地理实体或现象在信息世界中的映射,反映自然界向人类社会传递的信息。空间性是空间信息最主要的特征,是区别于其他信息的显著标志。空间性表示了空间实体或现象的地理位置、几何特性和拓扑关系,是空间信息处理分析的基础。包含了空间实体的位置和属性信息的空间数据是语义的,但是,通常在应用中人们往往将表示实体位置信息的数据称为空间数据,将表示实体性质、特征等的属性数据独立出来,单独作为属性数据保存,从这个角度讲,空间数据是非语义的,因为单独的坐标(位置)数据可以是任何东西。

实体元数据是对空间信息的一种描述手段,本体元数据为空间信息添加了更多的语义特性,使其可以通过逻辑、规则进行空间知识的推理(Jakus et al.,2013)。空间知识是一个或多个空间信息关联在一起形成的结论性、概括性、描述性、有应用价值的信息结构(邸凯昌,2001)。华裔地理学家 Sui 和美国地理学家 Goodchild 等分析了地理空间知识生产与地方推理和集成化方向的跨学科发展战略,并突出公民对地球科学的影响,认为联系二者的核心是地理信息科学(geographic information system,GIS),它提供了强大地理信息获取、分享和分析技术(Sui et al.,2013)。麦肯锡报告提出人类目前已步入大数据时代,绝大部分数据被贴上地理标签或者本身就是地理数据(Manyika et al.,2011),附着在数据上的信息与知识也伴随着拥有了地理标签,形成了空间信息与空间知识。

通常,从原始采集的空间数据中可以提炼出其信息价值,一般采用的方法是将数据结构化,总结其要素属性。通过收集信息,在其要素属性的基础上,加入逻辑、规则进行知识的推理、判断和预测。例如,从年复一年日复一日的空气污染物浓度实时监测数据中,可以知道当地的空气质量的信息,通过专家知识或经验规则等还可以推断空气质量对居民健康状况的影响并及时做出预警。如图 1.1 所示,从所占存储空间大小的角度看,空间数据、空间信息与空间知识呈金字塔架构,大量的数据是基石,无处不在,而塔尖的知识并不显而易见。

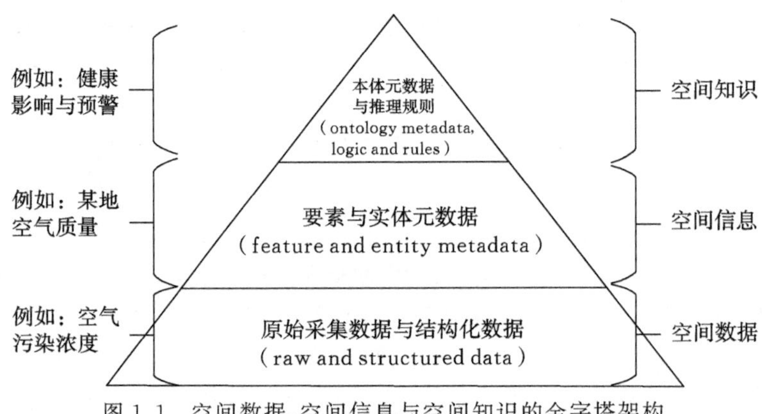

图 1.1 空间数据、空间信息与空间知识的金字塔架构

目前,空间数据、空间信息与空间知识的概念已超越传统的地理数据、地理信息与地理知识的范畴,将空间观从传统地理学的地球表面扩展到任何空间,既包括地图制图、遥感应用、生态环保等领域研究的地球表面空间,也包括医疗影像处理研究的人体内部空间、网络路由研究的计算机网络空间、宇宙空间探索研究的宇宙空间等。尤其是那些全局性、战略性的重大问题,其信息化的大部分内容或者直接与空间数据、空间信息、空间知识相关联,或者间接利用其解决问题。

从数据、信息与知识在人类社会经济生活的认知度来看,空间数据可以由专业数据采集人员或非专业人员采集,空间知识被认为是来自专家或者专家系统,而空间信息是目前信息化浪潮中各行业普遍接受、推广与应用的对象,本书主要讨论的是空间信息,特别是时空信息的应用。

1.1.2 时空认知

本书中的时空信息是指具有时间要素特征的空间信息。

空间和时间也是人类文明中最古老的概念。远古时期原始的耕作、放牧需要丈量大地、顺应天时，产生了简单的空间和时间的概念及其度量方法。

在中国古代，早就有“上下四方曰宇，往古来今曰宙”之说，这里的“宇”和“宙”就是空间和时间的概念，也是原始的三维空间和一维时间的概念，并将宇宙密切联系起来。因此，在汉语中，宇代表了所有的空间，宙代表了所有的时间，所以“宇宙”这个词有“所有的时间和空间”的意思。

而“时空”一词出现于哲学，发展于物理学与数学，是时间与空间的简略集合名词。但对于时间和空间的认识，还存在着一些基本问题有待解决，还在不断地发展（中国大百科全书总编辑委员会，2009）。时、空都是绝对概念，是存在的基本属性。但其测量数值却是相对于参照系而言的。任何事物都处于一定的时空之中。

哲学上，空间和时间的依存关系表达着事物的演化秩序。涉及的发散性概念有周易里的“乾坤”，道家的“道”以及孔孟之道的大成智慧。“时间”是抽象概念，表达事物的生灭排列。其内涵是无尽永前，其外延是一切事件过程长短和发生顺序的度量。“无尽”指时间没有起始和终结，“永前”指时间的增量总是正数。“空间”是抽象概念，表达事物的生灭范围。其内涵是无界永在，其外延是一切物件占位大小和相对位置的度量。“无界”指空间里任一点都居中，“永在”指空间永现于当前时刻。

近代科学的发端，必然涉及空间和时间的概念及其测量方法。近几个世纪以来，物理学和天文学对空间和时间的认识大体上可分为相互交织的两条线索：①从以牛顿力学和麦克斯韦电磁理论为代表的空间-时间概念，经过狭义相对论和广义相对论，发展到现代宇宙论，这是一条线索。②从经典力学经过量子论、量子力学和量子场论，到追求量子引力、超弦和 M 理论，这是另外一条线索。

因为在狭义相对论中，光速是测量时、空的共同尺子，时、空的变化在此共尺上表现依存规律，即遵从洛伦兹变换。所以，时、空的测量数值是相对于具体惯性系的，如同时性在测量上不是绝对的，相对于某一参照系为同时发生的两个事件，相对于另一参照系可能并不同时发生；长度和时段在测量上也不是绝对的，运动的尺相对于静止的尺变短，运动的钟相对于静止的钟变慢。光速在狭义相对论中是绝对量，对于任何惯性参照系光速都是常量 c。

在数学上有各种多维空间，但目前为止，我们认识的物理世界只是四维，即三维空间加一维时间。现代微观物理学提及的高维空间是另一层意思，只有数学意义，我们还无法感知。

地学中的时间地理学是由瑞典地理学家黑格斯特兰德（Hägerstrand）和其带领的隆德学派于 20 世纪 60 年代提出的。20 世纪中后期，西方人文地理学有向社会学渗透的趋势，作为高福利国家的瑞典把社会目标转变为每个社会公民生活质量的提高。黑格斯特兰德把人口统计学中的生命线（life line）概念加上空间轴后，提出生命路径（life path），成为后来时间地理学方法论的基础。时间地理学注重

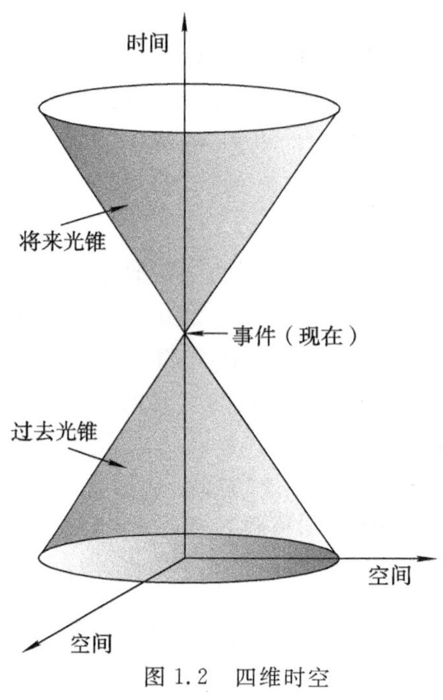

图 1.2 四维时空

分析围绕人类活动的各种具体制约条件，并在时空轴上动态地描述和解释各种人类活动。

时间地理学将时间和空间在微观层面上结合起来，从微观个体的角度去认识人的行动及其过程的先后继承性，去把握不同个体行为活动在不间断的时空间中的同一性。在这里，时间和空间更多的是一种资源的概念，这种资源不仅有限，而且不可转移。时间地理学将传统的空间资源配置和空间秩序动态扩展至时空间资源配置和时空间秩序动态，特别强调了时间秩序的动态。

时间地理学方法不仅是一种动态的方法，而且是一种基于个人行为研究的微观手段，它将微观化个人的研究成果转移到具有某种共同属性的微观人群的研究上，尤其注重个人日常行为的分析。时间地理学研究中经常采用的方法是通过跟踪一个群体中每个人的日常活动路径，研究发生在路径上的活动顺序及时空特征，以得出个人或群体活动行为系统与个人或群体属性之间的匹配关系，从而找到不同类型人群的活动规律，并且利用这种规律进行合理的设施配置。

除哲学、物理、天文、数学、地学领域以外，计算机科学、人工智能等领域的专家学者还借助计算机技术，根据应用部门的不同需求，分别从各自学科的角度对时空现象进行了研究，但由于受计算机软硬件环境和相关技术方面的限制，对地理实体的空间维度、时间维度和属性维度同时进行研究和处理，存在着诸多困难。因此，研究人员的研究思路主要集中在只考虑空间、时间和属性特征中任意两个变量的情况（或者将三个变量压缩转换为两个变量）。近几年来，随着软硬件环境的改善和大数据处理技术的广泛研究，关于时空信息处理的研究也逐渐增多。接下来，主要谈时空信息处理及其目前所面临的研究需求。

1.2 时空信息处理

1.2.1 研究历程

20 世纪 60—70 年代，出现了磁盘、磁鼓等直接存取的存储设备，使得计算机在实现科学计算的同时，可以完成信息的管理功能。但数据主要以文件形式组织管理，对时间维度的研究更多是在传统学科，尤其是地理学等研究的基础上考虑时间因素。例如，1964 年 Berry 在栅格格式下使用了三维地理矩阵（geographic matrix），以位置、属性和时间分别作为矩阵的行、列和高；1970 年，Hagerstrand 提出了时间地理学的概念；同年，Giederhold 和 Fries 在研制的医疗系统中对时态信息的处理进行了最早的尝试；Thrift 在 1977 年首次提出了历史地理信息系统（historical GIS）的概念；1978 年 Basoglu 和 Morrison 设计了最早的历史地理信息系统。该时期对时间的研究主要是围绕时间的本体和表达、不同领域中时间的作用而展开；时空信息处理的研究更多地表现在以空间为主的地理要素信息处理功能研究和以图形动画为主的表达途径研究。

随着 20 世纪 80 年代图形工作站和计算机性能价格比的迅速提高，数据库技术也日渐成熟，为发展时态技术和数据库技术的融合创造了条件。该时期的研究工作主要集中在时态历史数据库和时态数据库查询语言等方面。理论方面，Ben（1982）、Cliford（1982）和 Ginsburg（1983）三位学者分别在非第一范式时态数据库、关系型历史数据库和对象历史模型方面所进行的时空数据模型的开创性研究具有很强的代表性。实践方面，唐常杰与 Ginsburg 于 1983 年在对象历史模型的基础上，实现了一种基于关系型的历史数据库管理系统——HBase；Snodgrass 于 1985—1986 年开发的时态查询语言（TQuel），是关系数据库管理系统 INGRESS 查询语言的扩展，其目的是不作为属性而根据其语义来处理时间值。总的说来，该阶段对时空信息处理技术的研究处于低潮时期，因为同时涉及时态、空间数据库的文章数量很少，但与此相反，由于数据库技术的不断成熟和受计算机科学领域数据库专家的影响，围绕关系型历史（或时态）数据库方面的研究却蔚然成风。

Langran 于 1992 年撰写了关于时态地理信息系统（time GIS，TGIS）的第一本专著《地理信息系统中的时间》。以此为契机，世界范围内重新点燃了时空信息处理研究的热潮。研究人员意识到仅仅考虑时态数据库的存储、查询等还远远不够，时空信息处理的研究也由原先的注重具体设计细节和算法的研究，到对时空语义、时空拓扑关系、时空查询语言、时空推理过程模拟、地理对象的时空不确定性等理论和应用方面的研究和探讨逐渐增多，时空数据模型、时空信息系统、时空信息服务的构建成为关注的焦点。

1.2.2　时空数据模型

各领域中散布着不同种类的数据、信息和知识，这些数据、信息和知识通过不同媒介在各种对象之间进行传递，即不同对象主要由这些数据和由数据特征抽象出来的模型所构成。

时空数据模型是对现实地理环境的地理实体及其时空关系以及地理事件及其演变规律进行空间认知并进行形式化表达，将数据模型转换为计算机能够识别和操作处理的数据结构。使用数据模型对最终以可计算的数据结构实现的时空概念进行形式化表述为手段。数据模型包括离散的、连续的、动态的和概率性的。数据结构则表达了数据模型在某种特定的计算环境中的具体实现。

以表达和管理时空语义的时空数据模型中代表性的是 Langran(1992)从时变空间数据存储的角度，总结出了文件系统支持下的时空立方体、快照序列、基态修正和时空复合等四种时态数据模型；Hazelton(1991)进行了 4D GIS 的理论研究；Gadia 等(1991)和张师超(1993)引进了时态元素(temporal element)和时态赋值(temporal assignment)的概念，为第一范式(the 1st normal form，INF)关系的属性加上了时间参照，成为时态属性，建立了一种有特色的时态模型；Worboys(1992)提出了面向对象数据库技术的时空数据建模。

可以看出，时空数据模型的建立依赖于时间的表示方法，尽管 20 世纪 90 年代后时空数据模型的研究又经历 20 多年的历史，然而其成果仍然局限于概念模型和原型系统阶段，序列快照模型、基态修正模型、基于事件的时空数据模型、时空复合模型、时空对象模型、面向对象的时空数据模型等都无法全面解决时态理论(王家耀，2004)。目前规范化的时空数据模型正处在探索阶段。

1.2.3 时空信息系统

时空信息系统是建立在时态数据库、地理信息系统、人工智能等基础上的一种综合型应用性技术，其研究对象是时空世界中遵循着诞生、成长、生存，直至死亡等自然规律的事物和现象的时空信息。虽然时空信息系统在理论和实践等环节的研究还不十分成熟，但它是未来时空信息技术发展的一个必然趋势。

时空信息系统采集、存储、管理、分析与显示地理实体随时间变化的信息(时空信息)，它不但包含传统地理信息系统的空间特性，而且涵盖时间特性；它不但反映事物和现象的存在状态，而且表达其发展变化过程及规律。因此时空信息系统的操作对象是时空信息。传统地理信息系统只描述了研究对象的一个快照，没有对时态数据做专门的处理，因而是静态的，它只能反映事物的当前状态，无法反映对象的历史状态，更无法预测未来发展趋势。而客观事物的存在都与时间紧密相联，因此，在系统中增加对时间维的表达、分析能力，提供历史分析与趋势分析的功能，是时空信息系统的独特之处。时间、空间和属性是地理实体和地理现象本身固有的三个基本特征，是反映地理实体的状态和演变过程的重要组成部分。严格地说，空间和属性数据总是在某一特定时间或时间段内采集得到或计算产生的。

1.2.4 时空信息服务

随着人类社会的信息化进程逐步加快，以地球表面位置为参照的自然、社会、人文和经济等数据所代表的时空信息无论是在数量级还是复杂性上都在迅速地增长。人们需要有更有效的手段对存储在网络上的各种大量时空信息进行获取、处理与应用。互联网的迅速发展和普及为时空信息管理提供了新的操作平台，产生了很多相应的网络时空信息服务产品。时空信息需要被广泛共享、交换与使用，这使得时空信息的存储与处理环境从传统的集中式向目前流行的分布式方向发展。分布式就是指数据和程序分散在多个服务器，以网络上分散分布的数据及受其影响的数据处理为研究对象的一种理论计算模型。分布式有利于时空信息处理任务在整个计算机系统上进行分配与优化，克服了传统集中式系统会导致中心主机资源紧张与响应瓶颈的缺陷。很明显，传统的集中式环境很难满足分工明确的现代社会的需求，分布式环境与时空信息服务已成为时空信息处理的主要发展趋势。

1.3 时空信息处理面临新需求

当前，随着通信技术和信息技术的高速发展，互联网上的数据正在激增，云计算、物联网、社交网络等新兴服务促使人类社会的数据种类和规模正以前所未有的速度增长（孟小峰 等，2011），"大数据（big data）"时代已经来临。《Nature》于 2008 年推出了大数据的专题讨论（http://www.nature.com/news/specials/bigdata/index.html），涉及环保、生物、互联网等众多领域，已经意识到了数据将在各个领域迅速增长。例如，近年来传感器及传感器网络正在迅猛发展并产生越来越大的数据流，急剧增长的传感器数据已经成为物联网大数据流的重要组成。麦肯锡在《大数据：下一个竞争、创新和生产力的前沿领域》（Manyika et al.，2011）的研究报告中认为医疗保健、零售业、公共领域、制造业和个人位置的数据构成了目前五种主要的大数据流，上述数据流都具有显著的地理编码与时间标签。从这个角度看，时空信息不仅是大数据的重要组成部分，更可被看成是大数据本身。

目前的很多科学研究都随大数据趋势进行展开，使当前科学研究被贴上大数据的标签。时空信息处理技术的发展同样不出意外地迎来了新的挑战，挑战的同时也带来了巨大的机遇，挑战与机遇并存使得大数据成为时空信息处理技术发展的一大新动力。同时，以大数据处理为中心的数据科学也需要时空信息的相关理论作为支撑，时空信息处理技术将成为数据科学领域的重要手段和工具，两者相辅相成，时空信息处理与大数据技术互相需要。第 2 章将主要介绍大数据技术及其与时空信息的关系。大数据与时空信息处理的结合，本书称之为时空大数据技术，主要从以下几方面具体讨论时空信息处理所面临的新需求，即时空大数据的新需求。

1.3.1 时空信息处理需要大数据平台

无论是时空信息，还是大数据概念中，非结构化数据都占据极高的比例，是非常重要的资源，因此，对于时空信息处理亟须结构化数据处理，也需要非结构化数据处理技术的支持，有效处理与分析非结构化数据将给时空信息处理应用带来更大竞争优势。一方面，传统用于结构化数据的软件工具和关系型数据库在管理非结构化数据时，暴露出很多的局限性，难以满足目前时空信息处理应用的需求；另一方面，结构化和非结构化数据数量的膨胀导致了时空信息及其处理面临着数据爆炸的压力。因此，必然会催生很多新的时空信息存储、分析以及管理技术，推动面向时空信息处理的大数据平台技术的发展。

在大数据时代，时空信息处理与分析需要一个能自由灵活且高效存储的，区别于传统基础设施的新基础设施。若使用传统型关系型数据库管理系统进行数据管理，需要将非结构化数据转化为结构化数据，这个转变过程将会很耗时、延长数据分析时间并增加管理成本，可行性较差。如何减少服务器使用数量，如何减少数据存储，如何降低处理中心空间，面对这些问题，都需要一种新的平台提供用于时空信息处理的经济且高效的基础设施。

多数情形下，时空大数据平台可以由小型服务器集群组成的，采用分布式存储方式即分布式的本地独立服务器实现数据存储功能，这将必然取代原先的共享服务器集中存储的方式。分布式存储方法有很多优点，例如，可以利用其经济、高效灵活的特性，在不进行服务器和存储设备升级的前提下，快速扩展以包含数以千计的低成本服务器，这种无共享分布式模式因为不需要有限数量的共享存储设备与传输设备，所以可极大消除处理海量时空大数据时所遇到的性能瓶颈。

第 3 章将详细的从时空大数据处理硬件平台的发展、基础硬件平台与软件平台等方面阐述时空大数据平台的相关技术。

1.3.2 时空信息处理需要大数据库

时空数据是一种结构复杂、多层嵌套的具有空间和时态特性的高维数据，它有效记录了事物的空间位置和时空变化过程，并准确地表达了事物的历史、当前和未来状态，如城市变迁、疾病扩散、环境变化、地质演化、移动对象位置变更等。Yannis 等(1996)定义时空数据库是一个包含时态数据和空间数据，并能同时处理数据对象的时间和空间属性的数据库。

现有的时空数据主要来源于卫星导航定位、遥感和传感器等，以及通过人机交互合作获取的各种类型的数据，每种方式生成的数据格式和数据形式各不相同。主要包含地图(矢量和栅格)、影像数据、移动对象轨迹、社交网络关系、个性化地理信息和传感器数据等。由于时空数据涉及领域广泛，多渠道的数据积累形成海量数据。数据总量较大甚至巨大，通常以 GB、TB 或 PB 为基础单位。数据类型繁多，数以千计，包含结构化、半结构化甚至非结构化数据，且非结构化数据所占份额越来越大。数据产生速度飞快，主要基于手持移动终端、互联网、物联网、车联网等平台产生，因此，整合、清洗、存储和管理不同来源且结构复杂的时空大数据是时空大数据库面临的重要问题。另外，基于“价值密度与数据总量成反比”的规律，如何从价值密度较低的时空大数据中挖掘出有价值的资源对于数据挖掘研究也至关重要。

第 4 章将从时空数据的清洗，时空数据的存储，时空数据的索引和查询几个方面来探讨时空大数据管理中的相关技术。

1.3.3　时空信息处理需要大数据分析

通过提取文档、图片中的位置信息和地理标签，结合空间分析技术，可以研究各类地理事物的空间分布和时空变化。目前，以提取文本网页地理语义为目的研究集中在信息检索领域。受益于搜索引擎应用日益广泛，与地理信息相关的搜索也日益增长。据微软和雅虎公司的统计报告，用户查询的信息中 12%～16%包含地名。旺盛的需求，刺激了地理信息检索相关技术的快速发展，网络地理内容分析日趋流行。

与此同时，地理社交网络分析伴随着社交网络同步发展着，社交媒体网站的兴起是近年来一个引人注目的现象。社交媒体上的地理信息不仅具有空间特征，而且还带有用户的社交网络特征，可以结合社会网络分析技术，从中挖掘更为丰富的信息。例如，新浪微博默认在用户发表文字或者图片微博时嵌入当前的位置；大众点评、百度身边以及街旁等签到类应用使人们可以在餐馆、酒店等各种商家进行“签到”，并对商家的产品和服务进行点评；照片分享应用如 Instagram、Flickr 等使得用户在拍摄照片的时候除了可以添加文本描述信息之外，还可以附加当前的位置信息等。

随着手机、卫星导航定位设备、智能公交卡等泛在传感器被大量使用，携带用户个人信息与时空轨迹信息的数据越来越多，通过分析这类轨迹数据特征，有助于深入认识人类活动规律，并以此为基础研究来改进城市交通、优化公共设施布局。轨迹分析能够帮助分析锚点、出行范围、轨迹的形状、起止点（origin destination，OD）流、时间等方面。

集成各类时空大数据，通过对多种异构数据的整合、分析和挖掘，提取知识，还能帮助解决城市本身所面临的挑战。第 5 章将分类介绍各类时空大数据的分析方法及应用，结合新兴的城市计算技术，探讨时空大数据的集成与应用。

1.3.4 时空信息处理需要快速计算

随着各行各业信息化的深入发展，在科学领域可以获得多种时空大数据，例如通过卫星传感设备获取的遥感影像、大规模天气预报数据、天文光谱或测光观测数据等。这些大数据为科学研究带来了重大的机遇。随着各种传感器分辨率的不断提高，时空大数据的容量变得更加庞大，因此在时空高分辨率、大覆盖范围的计算任务中，对科学计算模型提出了更高的计算效率要求和挑战。

天文学等与时空大数据相关的传统科学随着各种先进科学仪器的出现和推动，正逐渐变成数据密集型、计算复杂型的学科。它所面对的海量数据正迫使研究人员改变其自身的研究策略和方法，以应对复杂而又变化迅速的时代。数据正以摩尔定律(Moore's law)的方式增长，但显而易见的是，大数据集的出现，并没有让我们的发现和知识呈现爆炸式的增长，这就需要在研究方法和技术上有所改变乃至突破，才可能在这股数据洪流中冲浪而不是被淹没。为了不被科学大数据淹没，一个典型的需求是实现海量数据的快速计算。

第 6 章以一个具体的目标参数估测问题来介绍时空大数据的快速计算模型，描述时空模型计算的形式化表示，重点介绍多种基于时空数据挖掘的快速计算模型，例如倒距离空间插值模型、局部区域神经网络、全局神经网络、误差校正模型、加权空间平均模型、时间移动平均模型、时空自回归模型、马尔可夫随机场、高斯过程、高斯混合模型等。将详细介绍各个模型的原理、计算公式、采用原则、优缺点等。

1.3.5 时空信息处理面临的其他需求

时空大数据已经广泛应用于交通运输、地质灾害监测与预防、气象研究、竞技体育、犯罪分析、公共卫生与医疗及社交网络应用等领域。

时空大数据在带给人们巨大收益的同时，也带来了泄露个人信息的危害。隐私问题由来已久，大量事实表明，若时空大数据未被妥善处理会对用户的隐私造成极大的侵害。这是因为时空大数据既直接包含用户的隐私信息，又隐含了用户的个性习惯、健康状况、社会地位等其他敏感信息。时空大数据的不当使用，会给用户各方面的隐私带来严重威胁。特别在云计算的环境中，用户和与其相关的信息都高度集中，如果出现安全问题或隐私的泄漏所产生的后果与风险，以及所波及的范围都要比在传统的环境下高出很多。很多时候人们有意识地将自己的行为隐藏以达到保护隐私的目的，但随着云计算和时空大数据的应用越来越广，特别是随着智能手机等带有定位功能的移动设备的普及，越来越多的数据在云端产生和存储，这是用户所无法控制的。

时空数据结构复杂且来源多样，整合、清洗和转换不同来源的时空数据对于数据挖掘研究至关重要。大数据是继云计算、物联网、移动互联网之后信息技术融合应用的新焦点，是信息产业持续高速增长的新引擎，将引发各领域、各行业生产模式、商业模式、管理模式的变革和创新，对经济社会发展及人们生活方式产生深刻影响。与传统数据管理迥然不同的特点，使得大数据时代的时空信息处理面临着新的挑战。随着经济全球化的不断深入，大数据标准化已成为各国促进大数据产业发展的重要措施。研究和建立一套比较完整的大数据技术标准体系对于政府宏观指导和促进大数据发展、大数据技术和产品的更新换代，规范大数据行业竞争，有效推进大数据标准化工作有着重要意义。传统的数据集成中也会面对数据标准化的问题，但是在大数据时代这种异构性出现了新的变化。

第 7 章将列举部分成功应用案例，并提出时空信息处理目前在信息安全和标准化方面存在的缺陷和面临的挑战。

第 2 章　认识大数据

2.1　大数据概述

随着信息技术的飞速发展,物联网、云计算、移动互联网等时时刻刻产生大量的数据,这些爆炸式增长的数据正在为全球各行业带来新的机遇和挑战。据最新统计,2012 年全世界互联网一天的信息量大概是 1 EB(10^{18} 数量级)。现在全世界新产生的数据量每年增加 40%,每两年数据翻一番。2012 年、2013 年产生的数据量总和相当于人类有历史以来到 2011 年产生数据量的总和。大数据的飙升主要来自人们的日常生活,特别是互联网公司的服务。据国际数据公司(International Data Corporation,IDC)的统计,2011 年全球被创建和复制的数据总量为 1.8 ZB(10^{21} 数量级),其中 75%来自于个人(主要是图片、视频和音乐),远远超过人类有史以来所有印刷材料的数据总量(200 PB)。

数据的爆炸增长正为全球各行业带来全新的机遇与挑战,例如,超级计算中心产生前所未有的模拟数据,以脸书(Facebook)、QQ 等为代表的社交网络的兴起,以及推特(Twitter)、微博等社交媒体的迅速崛起,每天也会产生 TB(10^{12} 数量级)或 PB(10^{15} 数量级)级的数据。大规模数据的累积,无形中增加了企业的运作成本及所要承担的责任。企业必须保证这些信息在未来很长一段时间内的可用性,这样企业不仅要采购大量的存储设备,还需要不断地进行维护。

存储那么多的数据有什么意义呢?一些优秀的管理者们已经意识到了这些数据可能为企业带来更多的价值、更大的优势,更有可能为业务运营者提供能超越对手的洞察力。然而拥有大量的数据并不代表能获得数据的相应价值,只有理解这些数据,才能真正地利用好这些数据。

2.1.1　大数据的基本概念

大数据时代正在到来,越来越多的人开始认同这一判断。然而何为大数据,科学界目前并没有给出一个完整、统一的概念。“百度知道”对大数据的定义是:所涉及的资料规模巨大,以至于目前的主流软件工具不能够对数据在合理的时间内进行撷取、管理、处理、整理,从而使它们很难成为帮助企业经营决策的资讯。《互联网周刊》对大数据的定义是:大数据不仅仅是指大量的(TB 级)数据和数据的处理方式,也不只是简单的“4 个 V(大量——volume,多样——variety,价值——value,高速——velocity)”之类的概念,而是涵盖了人们可以在大规模数据上所能做的事，而这些事在小规模数据的基础上是无法完成的。

归结下来，大数据不仅仅是海量数据，更是一种理念与思维，是在当前信息技术的支撑下，完成从大量、快速、复杂、多源的信息中提取有价值信息的技术处理手段，其中最核心的是需要挖掘出数据中蕴含的潜在价值。

2.1.2　大数据结构特点

最早提出大数据时代到来的是麦肯锡："数据，已经渗透到当今每一个行业和业务职能领域，成为重要的生产因素。人们对于海量数据的挖掘和运用，预示着新一波生产率增长和消费者盈余浪潮的到来。"具体来说，大数据有四个基本特点，即 4V 特点：大量（volume），多样（variety），价值（value），高速（velocity）。

（1）数据量特别大。当前任一单个存储设备都无法直接存储、管理和使用的数据量，已经从 TB 级跃升到 PB 级。百度资料表明，其新首页导航每天提供不止 1.5 PB 的数据，这些数据如果用 A4 纸张打印，可能超过 5 千亿张。有资料表明，到目前为止，人类生产的所有印刷材料的数据量仅为 200 PB。麦肯锡全球研究院（McKinsey Global Institute，MGI）估计，2010 年全球企业存储了超过 7 EB 的新数据在硬盘上，同时，消费者也存储了不止 6 EB 的新数据在计算机上。而现如今，数据仍在呈现爆炸式增长的趋势。

（2）数据类型繁多。在传统的企业中，能够被有效利用和管理的数据基本上都是以表格的形式存储在数据库中，为了能更好地编程处理，所有的信息格式基本上都一样。但是像新浪微博，脸书等类型的海量大数据中，包含了各种各样的数据类型。最常见的数据类型有普通文本、视频、照片，还有如位置信息、链接信息等可扩展标记语言（extensible markup language，XML）类型的数据。

（3）价值密度低。数据量的庞大导致了数据的广度增大，进而导致了数据价值密度的缩小。如监控视频，每天需要监测 24 小时的视频数据，然而真正有价值的也许就是中间的某一个时刻或者某几秒钟的画面，大部分时间的视频基本上都没有用处。从这个角度来看，大数据的价值密度是比较低的。

（4）处理速度快。这是大数据区别于传统的数据挖掘最显著的特征。IDC 的"数字宇宙"的报告中指出，预计到 2020 年，全球将使用 35.2 ZB 的数据。在如此大量的数据面前，数据的处理效率就是企业的生命。

2.1.3　大数据思维

《大数据时代》一书的作者维克托·迈尔-舍恩伯格认为，大数据思维是需要全部数据样本而不是只需要抽样，关注效率而不是只关注精确度，舍弃了因果关系转而追求相关关系（Mayer-Schnberger et al.，2013）。阿里巴巴的王坚对于大数据也有其自己的理解，他说："如今的大数据不是大，真正有意思的是数据变得在线了，这个恰恰是互联网的特点";"非互联网时期的产品,功能一定是它的价值,今天互联网的产品,数据一定是它的价值"。

数据的大量累积导致了我们可以从中得到很多以前不能得到的结果。例如,从数据中可以知道每一个顾客的消费倾向,需要什么,喜欢什么,他们的需求有什么不同,哪些地方又可以被放在一起进行分类等。数据的大量增加导致了量变到质变的过程。国外有一家创新企业,它能够给消费者提供购买建议,预测不同产品的价格走向,进而预测什么时候某一款产品能够更便宜。而能够做到这些,它们主要依赖的就是大数据。他们每天在各大互联网站上搜集数以十亿计的数据,通过分析计算,间接找出产品的价值规律,从而帮助大量的用户节省更多的钱。

大数据时代,数据比以前更多、更乱,但是内部并不是毫无关系可循的。数据量大有一个好处就是信息更加全面。例如,以前照相对准了一个地方后其他地方就是模糊的,而现在拥有了全新的技术,一张照片可以对准所有的地方,从而使得照片里的每一个地方都能够显示得比较清晰。这样一来数据量肯定就大了很多,但是却包含了更加全面的信息。也许照相的时候只是在关注其中的一个点,但是实际拍摄的时候却是把所有的点都包括进去了,虽然这样使得照片的数据量变大了不少,但是以后看照片的时候就有了更多的选择。从这个小例子可以得出一个结论:大数据让我们不至于限制在眼前的问题,它使得我们更有前瞻性,能够把所有可能的问题都囊括进去。

当然,拥有了太多的数据之后,为了不让数据太过混乱,我们必须要找到数据之间的关联关系,然后才能够对数据进行合理的利用。例如,亚马逊的图书推荐系统刚开始并没有用大数据,而是用小数据对客户进行分类。例如,有人对历史或者经济感兴趣,有人对金融或体育感兴趣,系统就会根据客户类别自动给客户推荐相应的书籍,但是后来的事实表明,分类之后带来的效果并不是特别好,进一步分析之后,亚马逊放弃了对客户进行分类,开始对用户的需求进行分类。这个分类方法后来被证明是非常成功的。到现在,推荐系统为亚马逊带来了30%的销售收入,这就是数据的收集与再处理。以前每一笔交易记录就是一个数据,然后在这些数据的基础上进行分析。现在我们不止关心交易数据,更多的是关心一些沟通数据,例如书评、交流信息等,而这些信息能够提供更加详细和丰富的信息给商家。

大数据时代想要成功并不一定需要有很大的资本,你只需要拥有数据,只需要在数据的基础上进行分析就够了。如果使用云存储,成本将更低。每天都好好思考,能用这些数据干什么,能获得什么价值,能不能找到一个新的别人都没有想到或者做到的事情。思考问题的方法和解决问题的办法,才是最重要的。例如,有人以新浪微博的数据为基础进行流感疫情的监测与预告,通过对数据进行大量的分析比较,能够在官方发出流感疫情通告之前更早地预测到流感疫情的爆发,这样对人们预防流感,起了一个更好的监测与预警作用。

2.1.4　大数据价值

随着大数据时代的来临，各个国家都开始意识到了大数据的重要性，甚至将其当作国家的战略资源。2012 年 3 月，美国白宫科技政策办公室发布了《大数据研究和发展计划》，并成立了"大数据高级指导小组"，将大数据带来的机遇和挑战放在了国家战略层面。2013 年 9 月，中共中央政治局集体学习，走出中南海，听取了百度 CEO 李彦宏关于大数据的发展情况的讲解。

大数据是继物联网、云计算之后的又一次颠覆性的技术革命，它使人的思维方式、行为模式、管理方式等发生着巨大的改变。从某一方面来说，它不仅仅是海量的数据和数据处理的方式，更是一种思维方式，一项重要的基础设施，一个能够影响整个社会运行的重要因素。

现阶段大数据在以下方面有着杰出的贡献：①大数据帮助公安部门预防犯罪，实现智慧交通，提高城市交通应急能力；②大数据帮助企业提高营销的目的性，降低仓储和物流的成本，降低投资的风险，以及帮助企业更精确的投放广告；③帮助电商公司了解用户需求和反馈，向用户推荐各种服务和产品；④大数据帮助娱乐行业对歌手、歌曲、电视剧、电影的受欢迎度进行预测，然后帮助投资者评估投多少钱才是最划算的；⑤大数据帮助社交网站提供更加精准的好友推荐，为用户推荐更精准的企业招聘信息，向用户推荐可能喜欢玩的游戏以及可能想要买的产品；⑥大数据帮助医疗机构对患者进行疾病风险跟踪，帮助提高医药企业药品的临床使用效果，帮助艾滋病研究机构为患者提供定制的药物。不仅限于以上所列举的方面，未来大数据应用会无处不在，大数据的变革将会蔓延到社会的每一个角落。

2.1.5　大数据开放问题

大数据想要得到广泛应用，数据开放是前提。目前中国的一些机构和部门拥有大量的数据，他们自己暂时用不到或根本不用，但是不共享，这样就导致了信息的缺失以及一些重复性的投资，浪费了大量的资源。

日本曾发布了一个创建最尖端 IT(信息技术)国家的宣言，即 2013—2020 年，实施以开发公共数据和大数据为核心的日本新 IT 国家战略，把日本建设成为一个具有"世界最高水准的广泛运用信息产业技术的社会"。日本大数据以务实的应用开发为主，在能源、医疗、交通、农业等传统行业结合方面确实做出了可圈可点的成绩。而其公开的大数据发展战略中就认为开放数据、数据流通以及创新应用等至为关键。日本 IT 战略本部发布了一个开放数据的方案，居民可以查看中央各部委和地方各省厅公开数据的网站，并且建立跨政府部门的信息检索网站，以便于企业及个人利用政府的大量信息资源。

美国联邦政府于 2012 年 3 月发表了一个有关大数据研究和发展计划的方案，

指出数据是一项有价值的国家资本，应对公众开放，而不是把其禁锢在政府体制内。其核心思想是通过对海量和复杂的数字资料进行收集、整理，从中获得真知灼见，以提升对社会经济发展的预测能力。2012 年 5 月美国数字政府战略发布，为了给美国民众更优化的公共服务，美国政府将以协调化的方式，以信息和用户为重点，改变政府的工作方式。其中的关键就是政府必须保证民众无论通过什么平台或者设备都能够随时查看政府信息和公共服务。

我国相关政府部门、企业以及行业信息化系统建设过程中往往缺少统一规划和科学论证，这样就使得系统之间缺少一个统一的标准，导致很多“信息孤岛”的形成，而且由于行政垄断以及商业利益的限制，导致很多数据开放程度比较低，形成了很多以邻为壑以及共享非常困难的现象。目前，制约我国数据资源开放和共享的一个重要原因是政策法规不够完善。我国还没有国家层面的专门适用于数据共享的法律，只有相关的条例、法规、章程、意见等，这就使得大数据应用时，无法既保证共享又防止滥用。一方面欠缺推动政府开放公共数据的政策，另一方面数据保护和隐私保护方面的制度不完善抑制了开放的积极性，严重阻碍了数据开放的进程。因此，建立一个良性发展的数据共享生态系统，是我国大数据发展需要迈过去的一道大坎。

2.2 大数据相关技术

2.2.1 大数据采集与预处理

1. 大数据采集

有人说，发现知识正是大数据的真正价值，仅仅存储数据而不去挖掘内在信息并没有意义。但是，作为发现知识的必要条件，如何获取这些支撑我们去挖掘内在信息的数据，是企业建设大数据的基石。

大数据的来源有多个方面，如企业内部的经营交易信息，物联网领域的商品、物流信息，互联网行业中人和人之间交流的信息、位置关系、消费信息等。企业内部的信息就数据本身来讲，一般都是比较固定的结构化的数据，可以通过关系型数据库进行管理和处理。它的价值密度较高，但都是历史的、静态的，只反映过去发生了什么，很难预测将来。而来自于一些社交媒体，例如，新浪、腾讯、脸书等的数据则是巨量的、新鲜的、能在很大程度上反映一些网民的个人偏好，代表一部分网民的想法，所以据此可以在一定程度上预测未来一段时间内他们想做的事情。

企业内部信息以及物联网世界信息的获取需要专门的权限或者设备才能取得，而 Web 领域内的数据相对开放且易于获取，本节主要讲述 Web 数据采集的相关知识。

Web 是一个巨大的且蕴含着大量资源与财富的宝库，其页面数量到目前为止已经超过了 800 亿，而且随着时间还在飞速地增长，其包含了大量的用户可能需要的或有价值的信息和资源，如客户对某一件商品的评论与看法、各种产品的价格波动情况、实时的金融信息、论文摘要等。但是因为我们所需要的信息一般以半结构化或者自由文本的形式存在各种各样类型的网页中，很难直接利用。因此，面对种类繁多、数据量巨大且碎片化的网页数据信息，如何进行完整、快速、准确的数据采集是每一个企业大数据战略的重要组成部分之一。

Web 数据采集就是根据用户的各种需求属性，抽取出互联网网页中相关信息的过程。网络爬虫（百度百科，http://baike.baidu.com/view/284853.htm）是 Web 数据采集的主要工具，它可以按照一定的程序或者规则自动地从互联网上抓取相关的资源与信息。网络爬虫能够提取互联网网页的源代码，并且将之从互联网上下载下来，但是之后程序员仍需要编写相应的程序或者脚本来提取网页中所需要的属性。首先，程序员必须给爬虫提供初始的可以访问的统一资源定位符（uniform resource locator，URL），并将这些 URL 当作种子 URL，然后把它们放入待抓取的 URL 队列中。接着网络爬虫就会抽取出队列中的 URL 并解析域名系统（domain name system，DNS），将 URL 所指向的网页中的所有信息全部下载到本地。需要注意的是，网络爬虫在访问后台网页源代码的时候，需要对每一个网址进行分析和过滤，因为每一个 URL 即使有相对应的内容，但是后台服务器端却不能保证有对应的页面。例如，在一些动态网页中，可能存在一些应用使得网站中一些地址是无法穷尽的，从而让爬虫陷入死循环。每次抓取完一个网页，就要把它对应的 URL 放入已完成队列中，防止重复抓取该页面。在整个的爬虫系统中，未抓取的 URL 队列以及其排序方式非常重要，因为这关系到爬虫先抓取哪个 URL 对应的页面。未抓取 URL 队列的排列顺序由抓取策略来决定，以下是网络爬虫经常使用的一些抓取策略。

1）*深度优先遍历策略*

深度优先遍历策略是指网络爬虫会从起始页开始，一个链接一个链接跟踪下去，处理完这条路线之后再转入下一个起始页，继续跟踪链接。假设 x 是目前正在被访问的对象，访问过 x 之后就对 x 做一个已经被访问过的标记，然后选择一条从 x 出发的未被检测过的边 (x, y)。如果顶点 y 已被访问过，则重新选择另一条从 x 出发的未检测过的边，否则沿边 (x, y) 到达未曾访问过的 y，对 y 访问并将其标记为已访问过；然后从 y 开始搜索，直到搜索完从 y 出发的所有路径，即访问完所有从 y 出发可达的顶点之后，才回溯到顶点 x，并且再选择一条从 x 出发的未检测过的边。上述过程直至从 x 出发的所有边都已检测过为止。

2）*宽度优先遍历策略*

宽度优先遍历策略的基本思路是：将新下载网页中发现的链接直接插入待抓

取 URL 队列的末尾。即网络爬虫会先抓取起始网页中链接的所有网页，然后再选择其中一个链接网页，继续抓取在此网页中链接的所有网页。

3）反向链接数策略

反向链接数策略是指一个网页被其他网页链接指向的数量。反向链接数表示的是一个网页的内容受他人推荐的程度。因此，很多时候搜索引擎的抓取系统会使用这个指标来评价网页的重要程度，从而决定不同网页的抓取先后顺序。真实的网络环境中，由于广告链接、作弊链接的存在，反向链接数不能完全反映网页的重要程度。因此，搜索引擎往往只考虑一些可靠的反向链接数。

4）非完全网页排名策略

非完全网页排名（Partial PageRank）算法借鉴了网页排名（PageRank）算法的思想，即对于已经下载的网页，连同待抓取 URL 队列中的 URL，形成网页集合，计算每个页面的排名值，计算完之后，将待抓取 URL 队列中的 URL 按照排名值的大小排列，并按照该顺序抓取页面。

5）在线页面重要性计算（OPIC）策略

该策略的算法实际上也是对页面进行一个重要性打分。在算法开始前，给所有页面一个相同的初始现金（cash），当下载了某个页面 P 之后，将 P 的现金分摊给所有从 P 中分析出来的链接，并且将 P 的现金清空，对于待抓取的 URL 队列中的所有页面按照现金数进行排序。

6）大站优先策略

对于待抓取 URL 队列中的所有网页，根据所属的网站进行分类。对于待下载页面数多的网站，优先下载。这个策略因此也叫作大站优先策略。

由于互联网技术的迅速发展，Web 信息的爆炸式增长，集中式网络爬虫采集信息的速度和规模已经难以满足实际应用的需要，分布式网络爬虫具有更加明显的速度和规模优势，是今后大规模网络爬虫发展的一个重要方向。

分布式网络爬虫包含多个爬虫，每个爬虫需要完成的任务和单个的爬行器类似。它们从互联网上下载网页，并把网页保存在本地的磁盘，从中抽取 URL 并沿着这些 URL 的指向继续爬行。由于并行爬行器需要分割下载任务，可能爬虫会将其抽取的 URL 发送给其他爬虫。这些爬虫可能分布在同一个局域网之中，或者分散在不同的地理位置。

根据爬虫的分散程度不同，可以把分布式爬行器分成以下两大类：

（1）基于局域网分布式的网络爬虫。这种分布式爬行器的所有爬虫在同一个局域网里运行，通过高速的网络连接相互通信。这些爬虫通过同一个网络去访问外部互联网、下载网页，所有的网络负载都集中在他们所在的那个局域网的出口上。由于局域网的带宽较高，爬虫之间通信的效率能够得到保证。但是网络出口的总带宽上限是固定的，爬虫的数量会受到局域网出口带宽的限制。

(2)基于广域网分布式的网络爬虫。当并行爬行器的爬虫分别运行在不同地理位置(或网络位置)时,将这种并行爬行器称为分布式爬行器。例如,分布式爬行器的爬虫可能位于中国、日本、美国,分别负责下载这三地的网页;或者位于CHINANET、CERNET、CEINET,分别负责下载这三个网络中的网页。分布式爬行器的优势在于可以一定程度上分散网络流量,减小网络出口的负载。但因为爬虫分布在不同的地理位置(或网络位置),间隔多长时间进行一次相互通信就成了一个值得考虑的问题。爬虫之间的通信带宽可能是有限的,因为通常需要通过互联网进行通信。

2. 大数据预处理

大数据预处理是大数据分析与挖掘过程中的一个非常重要的步骤,无论哪一种类型的数据系统中,都存在很多不完整的、含噪声的、重复的以及不一致的数据。国际数据公司通过研究发现,在庞大的数据世界中,有将近 75%的数据是重复的(Gal1lz et al., 2010),企业战略集团指出在备份和归档中的数据甚至有将近 90%的数据是冗余和重复的(Biggar,2007)。因此必须要首先对数据进行预处理,这样才能够有效地提高数据的质量,节约大量的时间和空间。而且一些比较成熟的算法对其处理的数据一般也有一定的要求。数据预处理的常规方法有以下几种。

1)数据清洗

现实世界的数据一般是不完整的、有噪声的和不一致的。数据清洗试图填充缺失的值,光滑噪声并识别离群点,纠正数据中的不一致(Rahm et al.,2000)。

(1)缺失值处理。

——忽略元组:当缺少类标号时通常这样做。除非元组有多个属性缺少值,否则该方法不是很有效。

——人工填写缺失值:一般情况下,该方法很费时。

——使用一个全局常量填充缺失值:将缺失值用同一个常数(如 Unknown 或 $-\infty$)替换。如果缺失值都用 Unknown 替换,则挖掘程序可能误认为它们形成了一个有趣的概念,因为它们都具有相同的值“Unknown”。因此该方法虽然简单但不可靠。

——使用属性的均值填充缺失值:例如,假定顾客的平均收入为 56 000 美元,则使用该值替换收入中的缺失值。

——使用与给定元组属同一类的所有样本的属性均值:例如,将顾客按信用等级(credit_risk)分类,则用具有相同信用度给定元组的顾客平均收入替换收入中的缺失值。

——使用最可能的值填充缺失值:可以用回归、基于推理的工具或决策树归纳确定。例如,利用数据集中其他顾客的属性,可以构造一棵决策树来预测收入的缺失值。

(2)噪声数据处理。

噪声是被测量的变量的随机误差或方差。给定一个数值属性(如价格),怎样才能光滑数据,去掉噪声?可用的数据光滑技术包括例如分箱、回归、聚类等。

(3) 数据不一致处理。

数据分析人员应当警惕编码使用的不一致问题和数据表示的不一致问题,例如日期"2004/12/25"和"25/12/2004"。字段过载(field overloading)是另一种错误源,通常导致其发生的原因是:开发者将新属性的定义挤压到已经定义的属性的未使用(位)部分(例如,使用一个属性未使用的位,而该属性取值已经使用了32位中的31位)。

2)数据集成

数据分析任务多半涉及数据集成。数据集成是将多个数据源中的数据合并并存放到一个一致的数据存储(如数据仓库)中。这些数据源可能包括多个数据库、数据立方体或一般文件。数据集成时,有许多问题需要考虑。首先,来自多个信息源的现实世界的等价实体如何才能匹配?这就涉及实体识别问题。例如,数据分析人员或计算机如何才能确信一个数据库中的字段 customer_id 和另一个数据库中的字段 cust_number 指的是相同的属性。其次,冗余也是一个重要问题。一个属性可能是冗余的,如果它能由另一个或另一组属性导出。属性或维命名的不一致也可能导致结果数据的冗余。数据集成的第三个重要问题是数据值冲突的检测与处理。例如,对于现实世界的同一实体,来自不同数据源的属性值可能不同。这可能是因为表示方法、比例或编码不同。

3)数据变换

数据变换是将数据转换或统一成适合于挖掘的形式。

(1)数据泛化。使用概念分层,用高层概念替换低层或"原始"数据。例如,分类的属性,如街道,可以泛化为较高层的概念,如城市或国家。类似地,数值属性如年龄,可以映射到较高层概念,如青年、中年和老年。

(2)规范化。将属性数据按比例缩放,使之落入一个小的特定区间。大致可分三种:最小最大规范化、z-score 规范化和按小数定标规范化。

(3)属性构造。可以构造新的属性并添加到属性集中,以帮助挖掘过程。例如,可能希望根据属性 height 和 width 添加属性 area。通过属性构造可以发现一些丢失信息,这对知识发现是有用的。

4) 数据归约

(1)数据立方体聚集。聚集操作用于数据立方体结构中的数据。

(2)属性子集选择。通过删除不相关或冗余的属性(或维)减小数据集。属性子集选择的目标是找出最小属性集,使得数据类的概率分布尽可能地接近使用所有属性得到的原分布。对于属性子集选择,一般使用压缩搜索空间的启发式算法。

——逐步向前选择：该过程由空属性集作为归约集开始，确定原属性集中最好的属性，并将它添加到归约集中。在其后的每一次迭代步，将剩下的原属性集中最好的属性添加到该集合中。

——逐步向后删除：该过程由整个属性集开始。在每一步，删除尚在属性集中最差的属性。

——向前选择和向后删除的结合。

——决策树归纳：决策树算法，如 ID3、C4.5 和 CART 最初是用于分类的。决策树归纳构造一个类似于流程图的结构，其中每个内部（非树叶）节点表示一个属性的测试，每个分枝对应于测试的一个输出；每个外部（树叶）节点表示一个类预测。在每个节点，算法选择最好的属性，将数据划分成类。

(3)维度归约。使用编码机制减小数据集的规模，如小波变换和主成分分析。

(4)数值归约。用替代的、较小的数据表示替换或估计数据，如参数模型（只需要存放模型参数，不是实际数据）或非参数方法，如聚类、抽样和使用直方图。

(5)离散化和概念分层产生。属性的原始数据值用区间值或较高层的概念替换。数据离散化是一种数据归约形式，对于概念分层的自动产生是有用的。离散化和概念分层产生是数据挖掘强有力的工具，允许挖掘多个抽象层的数据。很重要的是，用于数据归约的计算时间不应当超过或"抵消"对归约数据挖掘节省的时间。

2.2.2　大数据存储及管理

大数据给现有的存储系统带来了巨大的挑战。到目前为止，对于大数据存储，世界上并没有一个比较统一的存储接口标准，而且国内也没有出现相关的比较成熟的服务。因此必须根据实际情况，参考一些国外的服务接口，建立大数据存储的标准体系。

1. 三种大数据类型的存储技术

针对不同种类的海量数据，业界目前有三种不同的存储技术。

1)存储海量非结构化数据的分布式文件系统

最有代表意义的是谷歌文件系统（Google file system，GFS）和开源的 Hadoop 分布式文件系统（Hadoop distributed file system，HDFS）。HDFS 对应用程序的数据提供具有高吞吐量的优势，非常适合大数据集应用程序。HDFS 公开了一些 POSIX 的接口，允许流式访问文件系统的数据。HDFS 具有主从结构，由单一的名字节点和若干个数据节点组成。HDFS 将大量的数据分割成很多个 64 MB 的数据块，并将它们存储在很多由数据节点组成的分布式集群中。随着数据规模的不断变大，HDFS 只需要在集群中增加更多的数据节点即可，因此它具有很强的可扩展性；同时每个数据块会在不同的节点中存储三个副本，具有高容错性；数据的分布式存储可以提供高吞吐量的数据访问能力，所以在海量数据批处理方面也有很强的性能。

2)存储海量无模式的半结构化数据的 NoSQL

传统关系型数据库在处理数据密集型应用方面显得力不从心，主要表现在灵活性差、扩展性差、性能差等方面。在这样的背景下，作为对关系型 SQL 数据系统的补充，NoSQL 数据库应运而生。由于 NoSQL 数据库能够极大地适应云计算的需求，因此各种 NoSQL 数据库如雨后春笋般涌现，当前主要有四种类型的 NoSQL 数据库，分别是键值(key-value)存储数据库、列存储数据库、文档型数据库和图形数据库。

3)存储海量结构化数据的分布式并行数据库系统

Greenplum 数据库系统是基于 PostgreSQL 开发的一款海量并行处理架构的、无共享的分布式并行数据库系统。采用 Master/Slave 架构，其中 Master 只存储元数据，真正的用户数据则被散列存储在多台 Slave 服务器上，与此同时，所有的数据都在其他的 Slave 节点上存有副本，从而提高了系统可用性。

2. 大数据与云存储

上述存储技术只能够针对某一类型的数据进行存储，但是大数据类型往往是结构化、非结构化数据并存的，大数据存储系统须能同时支持各种类型的数据统一存储。在这样的背景下，云存储成为大数据存储的必然选择。在存储资源的获取接口上，云存储和传统存储在功能上并无差异，二者的区别在于云存储可以按需提供易管理、高可扩展、高性价比的存储资源。根据存储的不同数据类型和应用需求，云存储系统可以分为四种类型：基于块存储、基于文件存储、基于对象存储以及基于表存储。

在云存储的四类服务接口中，关于块存储和文件存储接口方面的标准协议已经非常成熟，这里将着重介绍基于对象的云存储和基于表的云存储。

1)基于对象的云存储系统

亚马逊的简单存储服务（Amazon simple storage service，Amazon S3）采用桶和对象的两层结构来存储数据，支持表述性状态传递(representational state transfer，REST)和简单对象访问协议(simple object access protocol，SOAP)两种访问协议，可与多种网络开发工具集成工作。作为最早的云存储服务，基于客户应用实践的积累，Amazon S3 在对象存储的丰富功能方面也走在业界前列，如对于超大数据(数据容量 5 TB)存储、BT 方式下载以及第三方支付的功能支持等。由于针对 Amazon S3 应用开发的广泛性，围绕 Amazon S3 有一些开源项目，使 S3 的编程工作变得更加简单，便于非 HTTP 编程开发者使用。

2)基于表存储的云存储系统

表结构存储是一种结构化数据存储，与传统数据库相比，它提供的表空间访问功能有限，但更强调系统的可扩展性。提供表存储的云存储系统的特征就是能同时提高并发的数据访问性能和可伸缩的存储和计算架构。

提供表存储的云存储系统有两类接口访问方式。一类是标准的XDBC、SQL数据库接口，一类是MapReduce的数据仓库应用处理接口。分布式数据仓库一般采用大规模并行处理(massive parallel processing，MPP)架构实现海量数据存储和处理以及高并发数据读写能力。它实现了SQL到MapReduce的翻译、优化、执行和结果收集，具有良好的扩展能力。分布式数据仓库的代表系统有商业软件GreenPlum、中国移动HugeTable、开源Hive等。

2.2.3　大数据分析及挖掘

1. 大数据分析

1)大数据分析概述

大数据分析(big data analytics，BDA)是大数据理念与方法的核心，指对海量、类型多样、增长快速且内容真实的数据(大数据)进行分析，从中找出可以帮助决策的隐藏模式、未知的相关关系以及其他有用信息的过程(http://www.whitehouse.gov/sites/default/files/microsites/ostp/big_data_fact_sheet_final.pdf)。具体来说，就是建立审计分析模型，对数据进行核对、检查、复算、判断等操作，将被审计数据的现实状态和理想状态进行比较，从而发现审计线索，搜集审计证据的过程。通过数据分析，可以将隐没在杂乱无章的数据中的信息集中、萃取和提炼，进而找出研究对象的内在规律。

数据分析有极广泛的应用范围。在产品的整个生命周期内，数据分析过程就是质量管理体系的支持过程，包括从产品的市场调研到售后服务以及最终处置，都需要适当运用数据分析，以提升有效性。例如，企业领导人通过市场调查，分析所得数据判定市场动向，从而制订合适的生产及销售计划。

2)大数据分析的类型

(1)探索性数据分析。

探索性数据分析是指为了形成值得假设的检验而对数据进行分析的一种方法，是对传统统计学假设检验手段的补充。探索性数据分析侧重于在数据之中发现新的特征。

(2)定性数据分析。

定性数据分析又称为定性资料分析，是指定性研究照片、观察结果等非数值型数据(或者说资料)的分析。

(3)离线数据分析。

离线数据分析用于较复杂和耗时的数据分析和处理，一般通常构建在云计算平台之上，如开源的HDFS文件系统和MapReduce运算框架。Hadoop机群包含数百台乃至数千台服务器,存储了数PB乃至数十PB的数据,每天运行着成千上万的离线数据分析作业,每个作业处理几百MB到几百TB甚至更多的数据,运行时间为几分钟、几小时、几天甚至更长。

(4)在线数据分析。

在线数据分析(on-line analysis processing, OLAP)也称为联机分析处理,用来处理用户的在线请求,它对响应时间的要求比较高(通常不超过若干秒)。与离线数据分析相比,在线数据分析能够实时处理用户的请求,允许用户随时更改分析的约束和限制条件。与离线数据分析相比,在线数据分析能够处理的数据量要小得多,但随着技术的发展,当前的在线分析系统已经能够实时地处理数千万条甚至数亿条记录。传统的在线数据分析系统构建在以关系数据库为核心的数据仓库之上,而在线大数据分析系统构建在云计算平台的NoSQL系统上。如果没有大数据的在线分析和处理,则无法存储和索引数量庞大的互联网网页,就不会有当今的高效搜索引擎,也不会有构建在大数据处理基础上的微博、博客、社交网络等的蓬勃发展。

3)大数据分析的五个基本方面

(1) 可视化分析。

大数据分析的使用者包括大数据分析专家和普通用户,他们对于大数据分析最基本的要求就是可视化分析,因为可视化分析能够直观地呈现大数据的特点,让数据自己说话,让使用者看到结果。

(2)数据挖掘算法。

可视化是给人看的,数据挖掘就是给机器看的。集群、分割、孤立点分析还有其他的算法让我们深入数据内部,挖掘价值。这些算法不仅要处理大数据的量,也要处理大数据的速度。

(3)预测性分析。

预测性分析能够让分析员根据可视化分析和数据挖掘的结果做出预测性判断。

(4)语义引擎。

由于非结构化数据与异构数据等的多样性给数据分析带来了新的挑战与困难,因而需要一系列的工具去解析、提取、分析数据。语义引擎需要被设计成能够从文档中智能提取信息,使之能从大数据中挖掘出特点,通过科学建模和输入新的数据来预测未来的数据。

(5)数据质量和数据管理。

大数据分析离不开数据质量和数据管理,高质量的数据和有效的数据管理能够保证分析结果的真实性和价值。

4）大数据分析的两个着重点

（1）多源数据融合。

把通过不同渠道、采用多种采集方式获取、具有不同数据结构的信息汇聚到一起，形成具有统一格式、面向多种应用的数据集合，这一过程称为多源数据融合。如何加工、协同利用多源信息，并使不同形式的信息相互补充，以获得对同一事物或目标更客观、更本质的认识，是多源数据融合要解决的问题。一方面，描述同一主题的数据由不同用户、不同网站、不同渠道产生。另一方面，数据有多种不同呈现形式，例如音频、视频、图片、文本等，有结构化的，也有半结构化，还有非结构化的，这导致现在的数据格式呈现出明显的异构性。

大数据的特点之一是数据类型繁多，结构各异。电子邮件、访问日志、交易记录、社交网络、即时消息、视频、照片、语音等，这些都是大数据的常见形态。这些数据从不同视角反映人物、事件或活动的相关信息，把这些数据融合汇聚在一起进行相关分析，可以更全面地揭示事物联系，挖掘新的模式与关系，从而为市场的开拓、商业模式的制定、竞争机会的选择提供有力的数据支撑与决策参考。例如，通过搜索引擎的检索日志可以获取用户关注信息的兴趣点，通过亚马逊、淘宝网可以获取用户的电子交易记录，通过脸书、QQ 等社交网站可以了解用户的人际网络与活动动态，把这些信息融合到一起，可以较为全面地认识并掌握某个用户的信息行为特征。可以说，多源数据融合是大数据分析的固有特征。同一种类型的信息可能分布在不同的站点，由不同的数据商提供。例如，论文数据的来源包括万方数据、维普、中国知网等。一项情报任务或前沿领域的研究，仅仅使用一种类型的数据是不全面的，如果把期刊论文、学位论文、图书、专利、项目、会议等信息收集起来，融合到一起，将更能说明某项研究的整体情况。另外，行业分析报告、竞争对手分析报告需要关注论坛、微博、领导讲话、招聘信息等各类信息，以全面掌控行业数据、产品信息、研发动态、市场前景等（化柏林，2013）。同一个事实或规律可以隐藏在不同的数据源中，不同的数据源揭示同一个事实或规律的不同侧面，这既为分析结论的交叉印证提供了契机，也要求分析者在分析研究过程中有意识地融合汇集各种类型的数据，从多源信息中发现有价值的知识（李广建 等，2012）。

（2）相关性分析。

所谓“相关性”是指两个或者两个以上变量的取值之间存在某种规律，当一个或几个相互联系的变量取一定的数值时，与之相对应的另一变量的值按某种规律在一定范围内变化，则认为前者与后者之间具有相关性，或者说两者具有相关关系。需要注意的是，相关性（相关关系）与因果性（因果关系）是完全不同的两个概念，但常被混淆。例如，根据统计结果，可以说“吸烟的人群肺癌发病率比不吸烟的人群高几倍”，但不能得出“吸烟致癌”的逻辑结论。我国概率统计领域的奠基人之一陈希孺院士生前常用这个例子来说明相关性与因果性的区别。他说，假如有这样一种基因，它同时导致两件事情，一是使人喜欢抽烟，二是使这个人更容易得肺癌。这种假设也能解释上述的统计结果，而在这种假设中，这个基因和肺癌是因果关系，而吸烟和肺癌则是相关关系(李国杰 等，2012)。大数据时代在数据处理理念上有三大转变:要全体不要抽样，要效率不要绝对精确，要相关不要因果。在这三个理念中，重视相关性分析是大数据分析的一个突出特点。通过利用相关关系，能够比以前更容易、更快捷、更清楚地分析事物。只要发现了两个事物或现象之间存在着显著的相关性，就可以利用这种相关性创造出直接的经济收益，而不必非要马上去弄清楚其中的原因。例如，沃尔玛超市通过销售数据中的同购买现象(相关性)发现了啤酒与尿布的关系、蛋挞与飓风的关系等。在大数据环境下，知道“是什么”就已经足够，不必非要弄清楚“为什么”。典型的例子是，美国海军军官莫里通过对前人航海日志的分析，绘制了新的航海路线图，标明了大风与洋流可能发生的地点，但并没有解释原因，对于想安全航海的航海家来说，“什么”和“哪里”比“为什么”更重要(李平荣，2014)。大数据的相关性分析将人们指向了比探讨因果关系更有前景的领域。这种分析理念决定了大数据所分析的是全部数据。通过对全部数据的分析，就能够洞察细微数据之间的相关性，从而提供指向型的商业策略。亚马逊的推荐系统就很好地利用了这一点，并取得了成功。

2. 大数据时代的数据挖掘

大数据时代在近两年颠覆了过去的数据时代，它带来的数据革命给人们的生活带来巨大的影响，不仅如此，它还将对企业的组织、决策、业务流程等产生非常大的影响。大数据时代，人和人之间的界限已经模糊到没有国界，甚至没有任何疆界。值得一提的是，大数据时代中人类最宝贵的资产不是金钱、权利，而是数据。数据会带领我们寻找正确的路，是21世纪最为宝贵的财富。但是这些“财富”像一座藏宝之山一样被层层包裹着，这就需要人们用一把钥匙来开启这座藏宝之山，而这把钥匙就是数据挖掘。在企业应用中，通过对海量数据建模，并对数据模型进行整理和分析，得出对企业有用的数据来帮助企业分析不同的客户或市场划分，从而得知消费者的喜好，并投其所好地找出企业正确的运营方式。这些大量的数据中可能隐藏着企业所需的某种规律性的东西，通过建模就可以利用模型自动从海量数据中找出这种规律性。数据挖掘通常会与统计分析中的一些方法相结合，所以说想要掌握数据挖掘，统计分析是必须要了解的。

1)大数据时代数据挖掘的意义

数据挖掘在大数据时代有着其他工作都无法替代的意义，人们透过对大数据的各种分析，可以对现有的企业决策提供强大数据支持的意见与建议。目前，几乎所有500强企业的管理建议都是以数据作为依据而提出的，即便是国内的中小企业在分析和解决问题时也开始倾向于用数据说话。不掌握大量的数据是无法提出科学合理的建议的。此外，当大量的数据量积累到一块时，数据自己也会说话。人们对这些数据进行分析和处理之后,就可以从海量的数据中发现商机。日常生活中的海量交易数据中隐藏的都是客户的喜好甚至是市场未来的发展趋势,企业如果能将这些数据提取出来并进行挖掘分析,一定会得到意想不到的结果。充分利用这些数据对于企业的生存与发展具有极其重要的意义。所以说哪个企业更加了解市场,更加接近市场,哪个企业就能从激烈的竞争中脱颖而出。我国传统的数据管理思维方式只关注静态程序预先提供给企业的固定内置功能,但这些预置的功能带给企业的帮助是十分有限的,企业必须依靠海量数据的分析来更好地为客户服务,更好地占领差异化市场,更好地完善企业内部的各项工作。

2)数据挖掘的一些基本方法

分析方法是数据挖掘的核心,只有通过科学可靠的算法才能实现数据的挖掘,找出数据中潜在的规律。不同的分析方法解决不同类型的问题,在现实中应针对不同的分析目标,找出相对应的方法。目前主要有如下常用的分析方法。

(1)聚类分析。

聚类分析就是将物理或抽象对象的集合进行分组,然后组成为由类似或相似的对象组成的多个分类的分析过程,其目的就是通过相似的方法来收集数据分类。它是一种无先验知识,无监督的学习过程,从数据对象中找出有意义的数据,然后将其划分在一个未知的类。这不同于分类,因为无从获知对象的属性。"物以类聚,人以群分",人们可以通过聚类来分析事物之间类聚的潜在规律。聚类分析广泛应用于心理学、统计学、医学、生物学、市场销售、数据识别、机器智能学习等领域。聚类分析根据隶属度的取值范围可分为硬聚类和模糊聚类两种方法。硬聚类是将对象划分到距离最近聚类的类,非此即彼,即属于一类,就必然不属于另一类。模糊聚类是根据隶属度的取值范围的大小差异来划分类,一个样本可能属于多个类。常见的聚类算法主要有密度聚类算法、层次聚类算法、划分聚类算法、网格聚类算法、模型聚类算法等。

(2)分类和预测。

分类和预测是问题预测的两种主要类型。分类是预测分类(离散、无序的)标号,而预测则是建立连续值函数模型。分类是数据挖掘的重要基础,它是对已知的训练数据集表现出来的特性,获得每个类别的描述或属性来构造相应的分类器或者分类。分类是一种有监督的学习过程,根据训练数据集发现准确描述来划分类别。常见的分类算法主要有决策树、粗糙集、贝叶斯、遗传算法、神经网络等。预测就是根据分类和回归来预测将来的规律。常见的预测方法主要有局势外推法、时间序列法和回归分析法等(吴文绍,2006)。

(3)关联分析。

在自然界中,事物之间存在着千丝万缕的联系,当某一事件发生时,可能会带动其他事件的发生。关联分析就是利用事物之间存在的依赖或关联知识来发现事物之间存在的规律性，然后通过这种规律性进行预测。例如经典实例——购物篮分析，就是通过分析顾客购物篮中物品的管理规律，来分析顾客的购物心理和习惯，然后根据这种规律帮助营销人员制定营销策略。

(4)人工神经网络。

神经网络通过复杂的大批量数据进行分析，实现对于计算机或人脑而言非常复杂的模式抽取及趋势分析，它是建立在自学习的数学模型基础之上的。神经网络既可以是有指导的学习，也可以是无指导聚类，但无论哪种，输入到神经网络中的值都是数值型的。目前在数据挖掘中，最常使用的是 BP 网络和 RBF 网络（丁守哲，2012）。

(5)遗传基因算法。

在数据挖掘中，遗传算法经常被用来评估其他算法的适合度。它是一种由生物进化启发而来的学习方法，通过对当前已知的最好假设变异和重组来生成后续的假设。每一步，用目前适应性最高的假设的后代来代替群体的某个部分，来更新当前群体的一组假设，以便提高各个个体的适应性。遗传算法由三个基本过程组成：繁殖(选择)、交叉(重组)、变异(突变)。

(6)可视化技术。

作为一种辅助技术，可视化技术在数据挖掘中应用非常广泛。它借助图形、图像、动画等手段形象地指导操作、引导挖掘和表达结果等。这种手段很好地解决了数据挖掘中涉及的比较复杂的数学方法和信息技术的表现形式，方便用户理解和使用技术，有利于数据挖掘技术的推广和普及。

3)数据挖掘的具体应用方面

数据挖掘作为一种新的信息处理技术，其主要特点是对企业数据库中的大量业务数据进行抽取、转换、分析和其他模型化处理，从中提取辅助经营决策的关键性数据。它在企业危机管理中应用非常普遍，具体可以应用到以下几个方面：

(1)利用 Web 页挖掘搜集外部环境信息。

信息是危机管理的关键因素。在危机管理过程中，可以利用 Web 页挖掘技术对企业外部环境信息进行收集、整理和分析，尽可能地收集政治、经济、政策、科技、金融、市场、竞争对手、供求信息、消费者等各种与企业发展有关的信息，集中精力分析处理那些对企业发展有重大或潜在重大影响的外部环境信息，抓住转瞬即逝的市场机遇，获得企业危机的先兆信息，采取有效措施规避危机，促使企业健康、可持续地发展。

(2)利用数据挖掘分析企业经营信息。

利用数据挖掘技术、数据仓库技术和联机分析技术，管理者能够充分利用企业数据仓库中的海量数据进行分析。根据分析结果，管理者可以找出企业经营过程中出现的各种问题和可能引起危机的先兆，例如经营不善、观念滞后、产品失败、战略决策失误、财务危机等内部因素。这些因素会导致企业的人、财、物、产、供、销的相对和谐平衡体遭到重大破坏，对企业的生存、发展构成严重的威胁。大数据分析可以帮助管理者及时做出正确的决策，调整经营战略，从而保证企业适应不断变化的市场需求。

(3)利用数据挖掘识别、分析和预防危机。

危机管理的精髓在于预防。利用数据挖掘技术对企业经营的各方面的风险、威胁和危险进行识别和分析，如产品质量和责任、环境、健康和人身安全、财务、营销、自然灾害、经营欺诈、人员及计算机故障等因素。危机管理包括：①对每一种风险进行分类，并决定如何管理各类风险；②准确地预测企业所面临的各种风险，并对每一种风险、威胁和危险的大小及发生概率进行评价，建立各类风险管理的优先次序，以有限的资源、时间和资金来管理最严重的一种或某几类风险；③制定危机管理的策略和方法，拟定危机应急计划和危机管理队伍，做好危机预防工作。

(4)利用数据挖掘技术改善客户关系管理。

客户满意度历来就是衡量一个企业服务质量好坏的重要指标，尤其是当客户的反馈意见具有广泛效应的时候更是如此。目前很多企业利用营销中心、新闻组、电子公告牌系统(bulletin board system, BBS)以及呼叫中心等收集客户的投诉和意见，并对这些投诉和意见进行分析，以发现客户关系管理中存在的问题。如果有足够多的客户都在抱怨同一个问题，管理者就有理由对该问题展开调查，为企业及时捕捉到发生危机的一切可能事件和先兆，从而挽救客户关系，避免经营危机。

(5)利用数据挖掘进行信用风险分析和欺诈甄别。

客户信用风险分析和欺诈行为预测对企业的财务安全是非常重要的，使用企业信息系统中数据库的数据，利用数据挖掘中的变化和偏差分析技术进行客户信用风险分析和欺诈行为预测，分析这些风险为什么会发生？哪些因素会导致这些风险？这些风险主要来自于何处？怎样预测到可能发生的风险？采取何种措施能减少风险的发生？通过评价这些风险的严重性、发生的可能性及控制这些风险的成本，汇总对各种风险的评价结果，进而建立一套信用风险管理的战略和监督体系，设计并完善信用风险管理能力，准确、及时地对各种信用风险进行监视、评价、预警和管理，进而采取有效的规避和监督措施，在信用风险发生之前对其进行预警和控制，趋利避害，做好信用风险的防范工作。

(6)利用数据挖掘控制危机。

危机一旦爆发，来势迅猛，损失严重，因此危机发生后，要采取有力的措施控制危机。管理者可以利用先进的信息技术，例如基于 Web 的挖掘技术、各种搜索引擎工具、E-mail 自动处理工具、基于人工智能的信息内容的自动分类、聚类以及基于深层次自然语言理解的知识检索、问答式知识检索系统等快速地获取危机管理所需要的各种信息，以便向客户、社区、新闻界发布有关的危机管理信息。管理者还可在各种媒体尤其是公司的网站上公布企业的详细风险防御和危机管理计划，使全体员工能够及时获取危机管理信息及危机最新的进展情况。这样企业的高层管理人员、公关人员、危机管理人员和全体员工就能随时有准备地应付任何复杂情况和危急形势的压力。

在大数据时代，数据挖掘是最关键的工作。当前关于大数据和数据挖掘的讨论之所以发生是因为我们正处于惊天动地的变革当中，而且我们正以前所未有的方式感知它。数据挖掘的研究如日中天，目前，国内外很多公司、大学和研究机构都非常看好数据挖掘的发展前景，因为数据挖掘是通过预测未来趋势及行为，做出前瞻的、基于知识的决策。伴随着大数据的数据管理，检索技术研究的进步，数据挖掘技术将迎来巨大的发展机遇，数据挖掘技术的应用也将更加广泛，数据挖掘的工具也将更加强大。

2.3 时空大数据

统计研究表明，85%以上的大数据都和时空信息相关。随着集成电路与芯片、传感器网络、移动定位、无线通信、移动互联网、高性能计算与存储技术的快速发展与普及，数据采集与计算单元的外延不断扩展，地球电子皮肤(Gross, 1999)、人人都是传感器(Goodchild, 2007)的梦想正在逐步付诸实践。随着定位技术的进步，大数据的位置标签越发精确，空间隐喻越发显著。例如，正是有了卫星定位、Wi-Fi、移动通信蜂窝定位技术及其微陀螺、加速度计等各种微小传感器的支持，才使得之前虚拟的社交网络系统(social network system，SNS)发展到客观世界与虚拟世界相融合的基于位置的社交网络(location based social network，LBSN)，并成为互联网企业的必争之地。人类生活中所产生的数据有80%和空间位置有关(XU Guanhua，1999)，具有泛在、互动、非专业、实时、按需服务、面向服务的体系结构(service oriented architecture，SOA)特征的新地理信息时代(李德仁，2009)无疑也将是大数据大放异彩的时代(陆锋 等，2014)，下边看一个和时空信息有关的个人位置信息与大数据的应用(Manyika et al.，2011)。

个人定位信息早期主要来源于一些固定的POS终端或者自动取款机，主要作用可能就是警察可以根据这些信息对一些不法分子进行城市锁定等。据统计，到2008年，全球离线交易记录就已达到了900亿～1 000亿条。之后，随着移动电话的普及，根据移动电话来定位个人的位置也变得越来越普遍，移动电话能定位全球50亿左右业主的位置。随后智能手机的发展迅速崛起，仅2010年大约就有600万台设备在使用之中，而且数据每年增长的速度超过了20%。

大量的个人位置信息数据不断增长。研究表明，截至2009年，个人位置信息的数据就已经达到了PB级。大量的个人位置信息蕴含了巨大的可以利用的价值，目前利用个人位置信息数据主要可以展开三大方面的应用：第一类是基于个人的位置信息可以生产智能路由设备，对汽车进行远程信息处理以及提供手机定位服务等；第二类是利用个人位置信息对广告投放进行地理定位；第三类是可以根据个人位置信息在诸如城市规划、智能零售业等领域进行整体的宏观调控。对第一类应用展开来讲，具体如下：

(1)智能路由。基于实时交通信息的智能路由目前得到了广泛的应用。智能路由不仅可以提供建议，使司机采取合适的路线去规避拥堵，同时还可以向服务器上传自己的位置和移动状况，使得整个道路状况能够得到更为精准的监测。而且随着智能手机的普及，智能路由的数量也会随之增长，预计到 2020 年，全球 70% 的移动电话将有卫星定位功能，每台汽车上配备卫星定位系统也正在成为可能。越来越多的智能路由设备获得了大量的位置信息，这些信息将给我们带来巨大的收益。研究表明，智能路由每年可以为全球驾驶员节省将近 200 亿小时的时间，预计减少 3.8 亿吨的二氧化碳排放。

(2)汽车信息技术。未来的一段时间，越来越多的汽车会配备卫星定位系统，并具备发送和接收数据的能力，这使得可以监视车内的各种信息包括车主的人身安全。目前市面上有一个通用汽车公司的 OnStar 服务，该服务可以向服务器实时地发送车辆的位置信息和诊断信息。例如车辆被盗，或者需要修理或者软件升级的时候，可以自动提醒司机。

(3)基于手机位置的服务。现在手机上有了越来越多的应用可以提供基于位置的服务。例如，某种手机应用可以用来跟踪孩子或其他家庭成员，以及用来找朋友等。名字叫作 Loopt 的 APP，拥有超过 500 万的用户(2011 年 4 月数据)。使用该 APP 可以通过用户和朋友社区分享实时位置信息、状态信息以及带地理标记的照片等，帮助用户了解其他用户在做什么，以及如何认识他们。

总之，随着科技的进步，个人位置信息数据呈现爆炸式的增长，信息来源的途径、方式、内容也变得越来越复杂，个人位置信息数据的特点完全符合大数据的定义。面对越来越庞大的个人位置信息数据，传统的处理方法已经很难跟上信息时代发展的速度，只有运用大数据的分析与挖掘方法才能够更加快速，实时地提炼出这些信息的价值。

从以上的实例我们可以很清楚地看到，时空信息和大数据之间有着非常密切的联系，主要体现在以下三个方面：

(1)时空信息的价值空前提升。由于世界上大部分的信息与地理空间位置有关，地理信息是整合集成社会经济和自然人文信息的公共基底，可以有效揭示经济社会发展与资源环境的内在关系和演变规律，综合反映人地关系协调程度。随着大数据的逐步发展以及数据分析与挖掘的不断进步，地理信息的数据挖掘和知识发现成为热点，地理空间的思维方式，成为科学的世界观和方法论，地理信息服务的价值从原来的基础数据和技术支撑层面正逐步向认识世界、改造世界的科学理论和科学工具层面升级。

(2)大数据引发了信息采集的全面变革。各种简便化的,便携式的测量工具,例如移动测量车乃至智能手机等正逐步取代传统测量仪器。此外,人们可以通过互联网极为便捷地获取各种地理空间、时间等信息,自发性的地理信息数据采集、众包、用户生产内容(user generated content,UGC)等地理信息数据生产正日益流行,地理信息数据采集开始与其运营服务分离,地理信息生产服务提供者正从专业走向大众。

(3)时空信息服务呈现普世化趋势。移动互联时代,要实现对移动目标的管理和服务,就必须依赖地理信息技术和地理信息数据。当前,地图内容从传统交付模式逐渐发展到实时在线服务。基于地理围栏技术(基于地理空间位置围出一个虚拟的地理区域)的精准信息推送服务,以及电子商务、线上线下服务等正在蓬勃兴起,地理信息技术开始全面融入人们的工作生活。地图正逐步成为移动互联的入口,地理信息产业跨界发展成为趋势,地理信息服务的边界在不断拓展,产业链条在不断延伸,我们每一个人都在不知不觉中使用和享受着地理信息服务。

总之,大数据与时空信息之间是相辅相成的,只有运用大数据的解决手段才能对大量的时空信息进行有效的利用与挖掘。同时,大数据时代的来临也促进了时空信息采集的复杂化、多样化、多源化以及巨量化。因此,合理利用好时空大数据,将会给人们的工作和生活带来极大的价值和便利。

第3章　时空大数据平台架构

3.1　大数据平台构架建设的必要性及其意义

在大数据时代，数据已经成为当今每一个行业中不可缺少的主要因素，且渗透在各业务领域中。研究挖掘并运用海量数据，有利于生产率的增长及消费者盈余时代的来临。随着信息行业以及互联网的发展，大数据逐渐获得了关注。在众多领域，包括金融、通信、生物、物理、军事及地球科学等领域，数据量迅速膨胀变大，对于这些海量、多样数据的采集、存储以及应用已经成为这些领域的一个持久的业务趋势，也是地球科学发展到时空大数据阶段的一个必须跨越的门槛。这个门槛正随着全球对地观测系统(earth observing system，EOS)、智慧城市、物联网等行业的深入发展不断地变化，超出传统平台中基础设施和架构的承载能力，且不能满足于现有计算能力的实时性要求。

非结构化数据在时空大数据中占据极高的比例，因此对于时空数据的处理需要非结构化数据分析技术的支持。尤其是随着多手段、多介质、多层面对地遥感观测的发展，非结构化数据在地学领域中愈发成为一项重要的资源，有效处理、分析非结构化数据是时空大数据处理的必要手段。然而，传统用于结构化设计的空间数据处理工具和关系型数据库在管理非结构化时空大数据时，暴露出很多的局限性，难以满足时空大数据处理的需求。结构化和非结构化数据数量的膨胀导致很多大数据应用行业及领域将面临巨大的处理能力及业务需求的压力，这催生了很多大数据存储、分析及管理技术，推动着面向非结构化数据分析平台技术的发展，例如 Hadoop、NoSQL 等。

时空大数据处理无疑会带来处理分析数据成本增加、基础设施灵活度降低的问题，激增的时空数据量促使政府、企业在数据的采集、分析整理以及管理上的方法创新。大数据与传统数据相比，有四个典型特征：①大量，大数据数量庞大，数量级由 TB 级(10^{12})提升到 PB 级(10^{15})；②高速，大数据对处理速度的要求很高，称为“秒级定律”，即若不在秒级时间内得到分析结论，则会失去数据的价值；③多样，数据的种类繁多；④价值，数据中所蕴含的价值很大，对于各个领域都会产生极大的影响。时空大数据数量庞大、对数据高速处理的要求以及数据的多样性使得数据中心面临着前所未有的工作负载。为了处理这些新型的工作负载，学术机构、政府部门及企业正通过采用并管理相互独立的新旧基础设施并且整合这两种设备，从而最大限度地降低成本。

时空大数据的处理分析需要一个能自由灵活、高效地存储、移动、合并、计算的大数据基础设施,大数据基础设施设计区别于传统基础设施的设计。再者,若设想使用传统型关系型数据库管理系统进行数据管理,需要将非结构化数据转化为结构化数据,这个转变过程将会延长时空数据分析时间并增加管理成本。所以,使用传统关系型数据库系统对数据进行管理的经济可行性较差。

时空大数据平台能够提供用于大数据处理分析的经济且高效的基础设施,通过虚拟化方法整合计算、存储、网络资源,从而提高资源利用率,增强资源的弹性伸缩能力,并可通过与大型的存储共享云平台连接以减少数据存储、处理中心所需的存储空间。多数情形下,大数据平台是由小型服务器集群组成的。大数据平台采用分布式存储方式,即分布式的本地独立服务器实现数据存储功能,取代了原先的共享服务器集中存储的方式。大数据分布式的存储方法有很多优点,例如,分布式存储可以利用其经济、高效灵活的特性,在不进行服务器和存储设备升级的前提下,快速扩展系统使其能够包含数以千计的低成本服务器。无共享分布式模式因为不需要与有限数量的共享存储设备进行数据传输,所以在一定程度上解决了处理海量数据时遇到的性能瓶颈。

时空大数据处理要求网络设施能够支持 TB 容量级的数据传输能力,同时,要求存储基础设施有 PB 容量级的存储能力,以此能够容纳亿级的处理对象。随着非结构化数据的数量增长及其业务价值的增加,相关部门需要保障数据的可用性以及安全性,但是,传统的方法无法解决海量数据的备份以及还原问题。根据日渐成熟的数据安全性技术,相关部门需要采取有效措施防止数据被损坏或盗取,并控制由此带来的损失。

大数据平台整合了非结构化和结构化的地理空间数据及时间相关数据的重大价值,成为时空大数据应用于国计民生的关键一环,能够极大地推动对时空大数据的研究和应用。而目前,国内外对时空大数据平台的研究还没有得到集中关注,大多数的大数据平台架构是基于 Hadoop 技术的,所以还没有形成专门支持时空大数据的平台,相关技术的完整体系还未建立。

总之,要实现对时空大数据的充分认识、快速处理、广泛应用,需要构建高效、可靠的专门面向时空大数据处理的平台,这在时空大数据的应用中显得尤为关键。

3.2 时空大数据基础硬件平台

3.2.1 数据处理硬件平台发展

1. 硬件存储设备

随着网络、物联网以及云计算的发展,数以亿计的网民每秒将产生海量的新数据,且各个行业部门产生的数据也呈爆炸式增长。数据量在近几年已经达到了 ZB

级(10^{21})，且这种增长趋势在不断持续。IBM 研究结果表明，近几年所产生数据量大约是过去整个人类文明进程所产生数据量的 9 倍。数据量的快速增长要求增加数据存储设备的数量并增强计算性能，同时数据存储硬件设备也需要相应的变化和发展，使用分布式的存储设备代替传统的集中式存储设备。通过上述方式，存储设备将逐渐适应海量的数据。

大数据存储硬件设备分为由光盘组成的光盘库、由磁带组成的磁带库、由磁盘组成的磁盘阵列以及硬盘。其中，磁带存储设备也因为其可以在实际应用中充分使用和低成本等优点占据了存储设备市场的重要地位；光盘存储设备有上述两类型设备的优点，也被广泛应用；磁盘存储设备的特性是存取速度快、操作简单易用、独立磁盘冗余阵列(redundant array of independent disks，RAID)技术安全可靠以及数据查询方便，满足了大数据时代存储、分析数据时的性能要求，磁盘设备占据了存储设备市场的主要份额。磁带数据存储速度慢、存储数据量大且存储时间长，适用于定期对海量数据进行存储备份；光盘存取速度快、单位存储数据量较少、携带方便且数据查询时间短，适用于海量数据的在线访问和离线存储；磁盘数据存储速度快、数据读取、录入速度快且操作方便，适用于海量数据的即时存取。

磁带库存储设备，磁盘存储设备技术在第一台驱动器 IBM 726 后不断发展，具有性能稳定、低成本和高可用性等优点，且可以用脱机技术避免数据在备份、迁移等过程中丢失。在大数据时代数据增长率变大的同时，需要长期存储的数据量也在不断增加，而且这些数据在短期内是不会过时的，采用磁盘硬件存储技术可以解决数据长期存储的问题。为了方便大数据时代存储设备的移动和存放，磁带所占空间逐渐减小，自动化程度也在不断提高。

随着光盘信息存储技术的发展，光盘存储设备由于其易拷贝复制、检索快速、容量大、存储密度高、保存时间长等优点被广泛应用于海量大数据存储中。光盘设备从几百 MB 的 CD 盘片发展到了几十 GB(10^9)的蓝光，但是在大数据存储时代，需要组合上百甚至上千张光盘用于海量数据的存储。光盘存储设备有光盘塔、网络光盘塔、SCSI 光盘塔、光盘镜像服务器、光盘库等，光盘网络服务器在网络、互联网大数据时代作为一种网络附加存储硬件设备引领了光盘设备的发展，且对于海量数据的离线备份及重要文件的备份仍需采用光盘硬件设备。

硬盘也成为大数据时代的存储硬件，由铝制或玻璃制的覆有铁磁性材料的碟片组成。硬盘发展过程中，经历了传统的机械硬盘到新型的固态硬盘及混合硬盘几种硬盘类型。为了适应大数据的快速发展，硬盘在容量、平均访问速度、传输速率等参数上都有了显著的提升。固态硬盘因为其读写速度快、携带轻便、低功耗等优点也被广泛应用于大数据存储硬件平台。

随着数据量、数据复杂性、数据相关性等的增加，大数据存储硬件平台向着高容量、快速传输、高容错性等方向发展。

2. 计算

预计到2020年,用户将产生35 ZB的数据量,在大数据爆炸的时代,处理大数据的计算单元微处理器硬件的革新已经难以适应大数据的爆炸式增长。因此像英特尔(Intel)、超商(AMD)、英伟达(NVIDIA)等微处理硬件公司的发展已经难敌在互联网大数据时代受益的脸书、百度、腾讯、谷歌、阿里巴巴等互联网公司的发展。

面对计算单元在大数据时代面临的挑战,大数据处理计算单元需要进行技术革新,大数据时代的来临给处理器发展创造了机遇。目前可以采用中央处理器(central processing unit, CPU)并行和图形处理器(graphics processing unit, GPU)协调CPU的方法来强化CPU的运行及数据处理能力。

计算处理单元CPU的发展符合摩尔定律,即每18个月芯片中的晶体管和电阻器的数量会翻番,芯片的性能提高一倍,但是这个定律对于21世纪后芯片的性能发展研究已经不起作用。CPU内存时延长及频率低的问题导致了越来越大的缓存面积需求,进而使得内存控制逻辑变得更加复杂。大数据时代数据缓存将会消耗约70%的内存芯片面积及能耗,使得处理大数据的内存芯片面积变小。海量数据要求大的计算能力以及数据缓存能力,但是当内存芯片上提供芯片性能的晶体管密度增大时,芯片上单位面积能耗也会相应增加,从而引发了严重的散热问题,也制约了内存芯片的数据缓存和处理能力的提高。上述内存芯片问题的出现导致CPU将不能满足大数据时代数据处理所需的硬件条件。

为了提高CPU的处理能力以适应大数据时代,CPU以降低单个核心芯片性能为代价提升整体性能,CPU开启了多核时代。多核CPU即指在一个处理器中集成多个频率较低的计算引擎核心,从双核芯片逐步发展到了四核、八核、十六核,可以满足并行处理多个任务的要求,给使用者带来强大的数据处理性能,提高大数据计算的效率。多核处理器的计算引擎核心数量增加,维持核心芯片间的通信、协作交互的开销也将增加,对处理器的体系结构、功耗、安全性等产生了一定的挑战,且芯片的缓存面积没有随着核心芯片数量的增加而增加,芯片数量增加到一定程度时,整体性能也将达到极限值,所以多核CPU仍然存在着内存墙问题。

在大数据时代,可以使用GPU协调CPU方法来提高并强化CPU整体计算性能。NVIDIA在GTC 2013大会上,正式宣布将GPU协调CPU方法引入商业实例,将其使用在大数据云服务以及移动开发上,将GPU用于大数据的计算分析和数据升级查询。GPU加速器对于进行海量数据计算的应用有着极其重要的价值,但是大数据时代不仅需要面对大量的数据而且要对这些数据进行高性能计算,因此大数据处理硬件平台越来越青睐于使用GPU加速器来满足其日益增长的数据量级别以及数据计算性能需求。

GPU计算是指利用显卡来进行数据计算,而不是指传统的图像绘制。GPU

由大量的运算单元构成，对数据的并行处理能力远远超过 CPU。而且 GPU 具有更大的普通内存位宽、更高频率的专用显卡作为内存，所以相较于 CPU，其更适合于处理海量数据，GPU 也适合于大规模同类型数据的密集运算。对于适合于 GPU 处理的计算任务，GPU 处理速率会比 CPU 快 2～10 倍。在大数据时代被广泛应用的分布式计算系统中，GPU 处理数据效率也明显高于 CPU。目前，GPU 已经发展成为了一种多核、多线程以及高度并行化计算的处理器，具有显著的计算功率和数据存储带宽优势。

GPU 对于数据的高性能处理主要得益于其特殊的体系结构，GPU 体系将大多数晶体管用于计算器而将少数晶体管运用于缓存和逻辑单元。采用将核心频率降低到低于显存频率的方法，解决数据供应速度、需求不匹配的问题，并使用大量轻量级线程的快速切换使存储器时延变得不明显。

3. 内存

大数据以数据为中心，是一种数据密集型的新技术，若还是采用传统的以计算为中心的体系结构将不能满足大数据时代的应用需求，所以要重构现有的系统架构。新型非易失性存储设备的成本不断降低，给内存计算模式即以计算为中心的大数据处理模式带来了重大机遇。

内存是计算机的重要组成部分，与 CPU 进行沟通以及信息交互。内存中运行计算机的所有程序，其计算效率的高低影响了计算机整体的性能。用内存暂时存储 CPU 计算的以及与外部存储设备进行交互的信息。内存会处理 CPU 需要运算的数据，并将运算结果返回到 CPU，所以 CPU 性能的稳定性也决定了计算机整体性能的稳定性。在大数据时代，海量数据的处理将会给内存的数据处理以及传输带来极大的挑战，这将需要高性能的内存数据运算能力。

为了提高处理大规模数据的效率，DDR4 内存提高了其数据传输效率，基于单端信号 (single-ended signaling)的 DDR4 内存传输速率已经达到了 1.6～3.2 Gbit/s，使用差分信号 (differential signaling) 技术方式的 DDR4 内存传输速率预计将达到 6.4 Gbit/s。

海量数据的处理存储以及数据的实时分析要求极高的内存分析能力。目前，德国商业管理软件公司 SAP 公司成为迅速崛起的内存分析技术企业代表，一些数据分析、数据挖掘以及主流数据库(DB2、SQL Server、Oracle、SAS、Teradata)也为内存分析技术的发展提供了良好的条件。内存计算可以并行处理大数据，最大程度上体现并发挥了 CPU 多核的优点。且内存读取数据的速度呈成倍增长趋势，并以最优化的数据排列方式将数据存储到内存。所以内存计算对于大规模数据的处理以及实时计算，可以不考虑数据建模以及对数据的预处理。大数据时代的到来给内存计算市场带来了极大的商机，例如，EMC 将基于闪存的固态硬盘应用到了企业存储实体中，提高了数据存储系统的性能，EMC Hadoop 能够进行非结构化数据的实施处理。通过研究分析大规模数据的实施分析处理业务，SAP 的内存计算设备商品 HANA 使内存能将实时采集的数据进行即时分析，消除大数据时代从业务中获取海量数据到分析处理数据间的时间滞后。

分布式共享内存(distributed shared memory，DSM)概念的出现使得在不同的机器上的进程可以在不通过共享物理内存的前提下进行数据共享。

4. 网络

随着大数据时代的来临，海量数据的计算模式正在进行着深刻的变革，给网络基础设施带来了极大的挑战。网络规模随着大数据的数量级的增加被不断扩大，所以需要不断改进网络基础设施以适应大数据时代网络规模的扩大。数据的指数型增加以及对移动宽带通信数据传输速率的更高速度要求，促使主干网络包括服务器以及网络设备提高其数据传输速率来处理以及传输海量的数据量。

大数据时代互联网设备的普及，使得云端计算中心的以太网交换机需要具备更高数据传输速率，40 Gbit 的以太网络将取代 10 Gbit 的网络，并推出 10 Gbit、40 Gbit 的交换器芯片。为了解决大数据时代移动宽带通信数据传输速率的日益增长问题，网络设备和服务器需要导入 26 Gbit/s 的光纤背板以提高传输过程中数据吞吐率。在大数据时代，可以将光纤通道加入到以太网信息包中，使以太网兼具光纤通道的特性，从而可以使用以太网连接来传输服务器存储软硬件设备的光纤通道数据和请求。上述方法使以太网在传输海量数据时，极大限度减少丢失数据包现象，提高大数据平台网络性能的可预测性，并降低以太网的成本。

海量数据也给核心交换机带来了新的挑战。在架构方面，由全新的多级交换网络 CLOS 架构的核心交换机替代了传统的 Crossbar 架构的核心交换机。CLOS 通过组合小型交换结构的基础组件简化了构造大型交换结构过程。CLOS 减少了故障点，从而增强了交换结构的可靠性，并且利用冗余方法使架构获得了较强的故障抵御能力。CLOS 支持递归扩展，其网络递归特性使得其在海量数据量的输出和输出间建立了严苛的无阻塞的连接。可以通过集成方法来增强交换机的数据传输功能，譬如可以集成以太网交换机、IB 交换机、路由器以及千兆快速以太网交换机。

大数据时代信息交互成为渗透在每个行业的必然过程，大数据网络向着高速传输的方向发展，随着千兆甚至万兆级的网络交换设备的出现，网络入侵检测设备、网络防火墙、VPN 等百兆级网络安全防护平台已经远远不能适应大数据时代的安全需求。一系列大数据平台下的网络安全设备相继出现，如早期的软件防火墙发展为了硬件防火墙、软件 VPN 也增加了加速加密的芯片。海量数据的大量以及多样的特性，使得处理数据的网络行为和内容多样且复杂，为了有效过滤数据处理过程中的病毒，需要一些可以处理应用层协议的硬件设备(如 NVRAM、加速加密芯片、CAM 以及内容处理芯片)。

3.2.2　时空大数据基础硬件平台

1. 分布式时空大数据硬件平台建设

分布式计算是将大数据分解成多个小的部分，并将其分配给成千上万台分散的计算机进行处理以节省整体计算时间，提高其计算效率。这些计算机通过网络连接起来，组合成一台可以完成大规模数据计算的虚拟超级计算机，它们是利用其空闲的存储空间和时间对数据进行处理。最后将对数据的处理结果返回并合并得到最终的数据处理结果，因为分散到每个计算机的数据量不大，且成千上万台计算机进行并行计算，所以对海量数据的处理速度会得到显著的提升。目前主流的三个分布式计算系统是：Hadoop、Spark以及Storm。在对分布式计算技术进行研究的同时，产生了如移动Agent、中间件、Web服务器、网格以及P2P等技术。下面分析两个实例来详细阐述分布式时空大数据硬件平台建设。

1)应用一：MapGIS SOA平台架构

MapGIS-IMS(MapGIS-internet map server)平台是一款基于SOA的新型网络GIS平台。使用了较新的网络通信技术以及MapGIS技术，处理分析海量的地理信息数据，并将地理信息数据通过网络进行高性能的发布。该平台支持网格，通过结点方式进行Web服务的发布，各个分布的结点通过调用该Web服务对海量地理信息数据进行分析处理。本平台的体系结构如图3.1所示。

该MapGIS-IMS平台提供了两种开发模式——J2EE和.NET。平台的硬件包括各类服务器、网络硬件设备、数据存储设备等。通过分析分布式时空大数据处理方式，将平台结点由上至下分成四层面向服务体系结构，分别为客户端网格层、GIS Web集成服务中心层、GIS Web服务器层、MapGIS地理信息数据服务器层。

(1)客户端网格层：客户端通过网格分布互相进行信息交互，客户端结点使用Web浏览器，可以通过网络访问分布式的WebGIS结点，将所需操作请求提交到GIS Web集成服务中心端。因为平台将WebGIS功能封装进Web服务，所以客户端可以对Web服务进行跨网络、语言以及平台调用。

(2)GIS Web集成服务中心层：该层接受客户层发送的操作请求，为了让WebGIS站点可以进行请求浏览，需要将其发布到相应的服务器，利用互联网信息服务(internet information server,IIS)创建互联网服务器处理请求，并调用GIS服务器层的服务接口进行相应的请求处理。

(3)GIS Web服务器层：是GIS Web服务处理的功能核心层，提供GIS Web集成服务中心层所需的核心WebGIS功能服务接口，譬如WAS、WCTS、WMS、WLS/WMDS等服务的接口。

(4)MapGIS地理信息数据服务器层：MapGIS用于管理储存即将处理的海量地理信息数据，给GIS Web服务器层提供数据和底层环境支持。

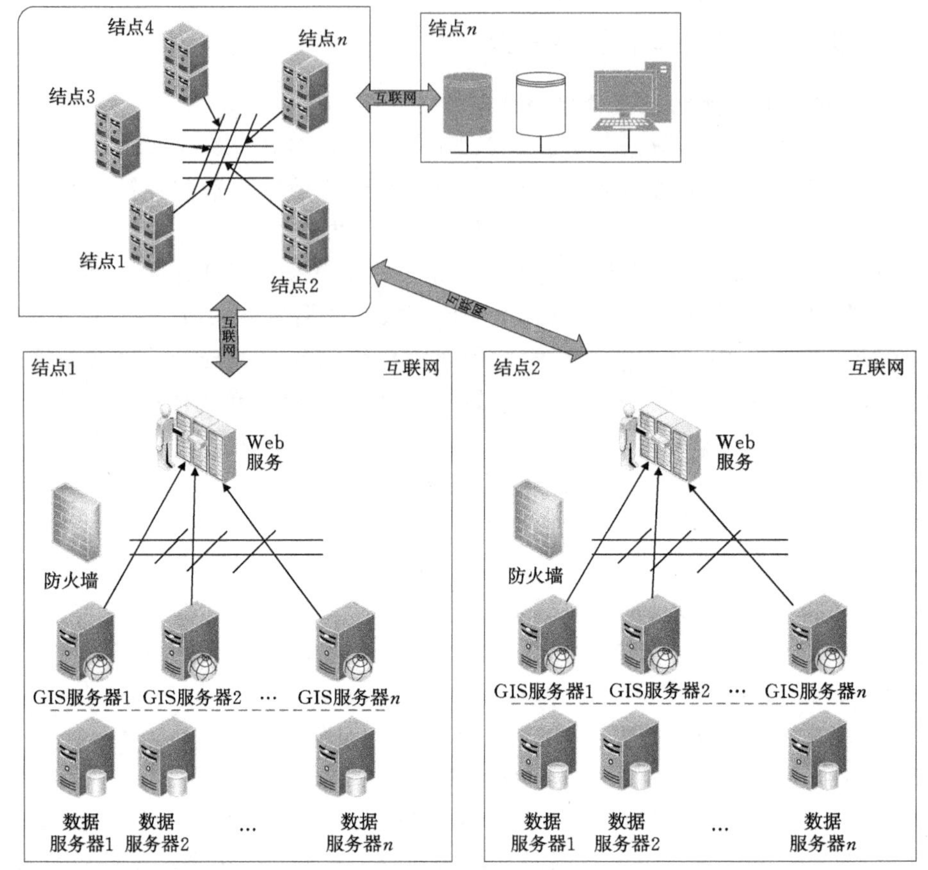

图 3.1　MapGIS SOA 平台架构

平台涉及的其他技术服务有：

IIS 包括了用于网页浏览的 Web 服务器、用于文件传输的 FTP(file transfer protocol)服务器、用于新闻服务的 NNTP(network news transfer protocol)服务器以及邮件发送的 SMTP(simple mail transfer protocol)服务器等。

分布式服务器将海量地理信息数据分散到多个 Web 服务器，分布式有利于在整个平台上进行操作、服务的分配和优化，使得集中式处理中的主服务器资源充足以及响应时间变短，克服了 WebGIS 互联网中地理信息数据共享、数据非同构以及计算繁杂等因素造成的瓶颈。

无线资源管理(radio resource management)：在有限带宽条件下，为分布式海量地理信息处理的网络无线服务器终端提供数据处理业务质量保障。保障在信道能在信道衰弱、网络分布不均匀和干扰引起的网络不稳定的状况下，能够灵活分配和动态调整无线传输以及网络的可用资源，这将使得分布式服务器在数据处理时能够得到一个较稳定的网络。

本平台优点：支持异构的WebGIS服务器平台的集成应用，实现大数据时代海量异构地理信息数据的共享以及互操作，对数据的处理、业务的灵活可靠，即使是处理海量数据也不需要太高的带宽，数据处理有负载均衡机制和容错处理机制，系统的安全性能高。

2）应用二："警用地理信息系统"（police geographic information system，PGIS）分布式硬件平台建设

中国地域广、人口多且警务部门职位种类多，警用信息组成了一个具有海量数据的大数据系统，构建分布式警用地理信息系统硬件平台可以为全国公安部门的办公以及管理提供地理信息支持。

本应用需要搭建用于存储、获取、分析处理海量的地理信息数据的研究基础环境，该硬件环境需要能够处理TB级的数据并具有扩展性即能够处理未来几年内增长的数据。硬件设备包括地图应用服务器、数据服务器、Web应用服务器、PGIS平台应用服务器、卫星导航定位仪、各类服务器（数据库、地图、应用、Web、消息等服务器）、存储设备。警用地理信息系统的硬件平台建设如图3.2所示。

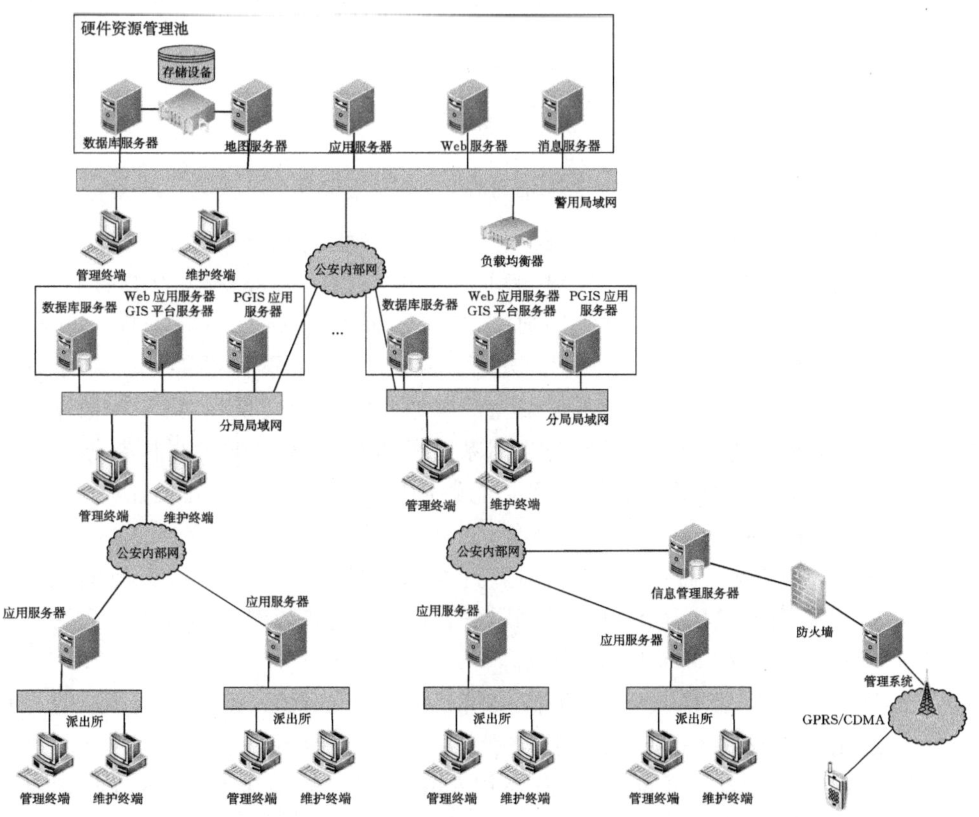

图3.2　警用地理信息系统的硬件平台架构

本应用需要的硬件设备有应用服务器、数据库服务器以及地图服务器，还有网络硬件设备如光纤交换机、HBA 卡等。不同功能的服务器间的信息以及应用间的信息交互如图 3.3 所示。

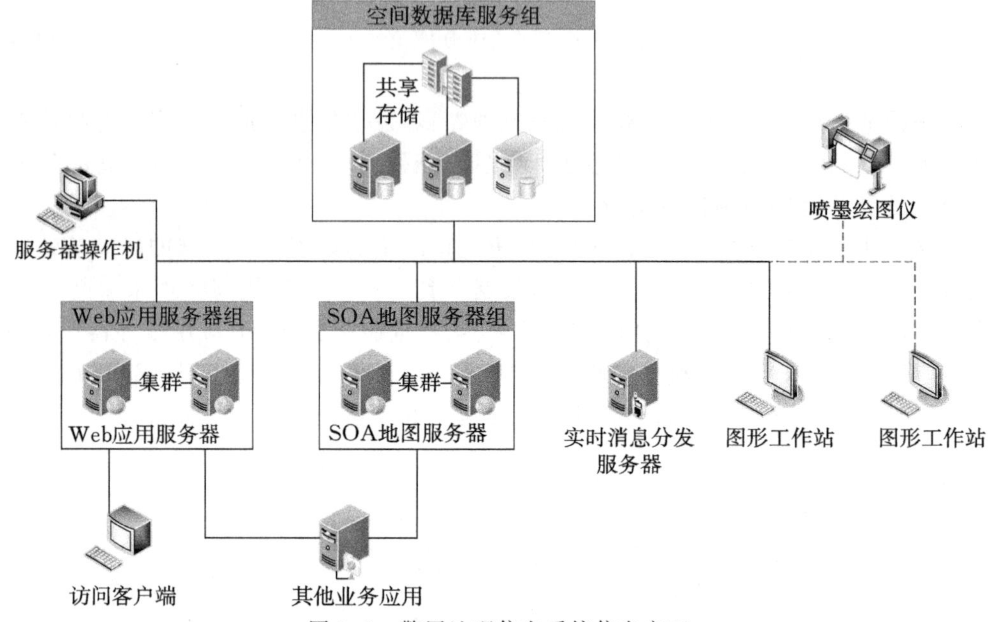

图 3.3 警用地理信息系统信息交互

(1)数据库服务器：数据库服务器用于存储、管理、处理 PGIS 分布式平台的海量地理信息空间数据，响应多个客户端用户的并发请求，进行高性能的地理信息数据计算。数据库服务器硬件设备需要安装 10g 版本的 Oracle 数据库及基础的 GIS 地理信息数据引擎软件，且采用 Oracle RAC 双机集群体系架构保障系统的安全性，采用磁盘镜像方式增加本地硬盘的容错功能及吞吐量，利用双机数据库服务器集群方式提高其可用性，而且需要用系统外部的光盘设备对主机数据库服务器的数据进行备份。数据库服务器需要能够同时响应 1 000 个并发用户请求，且能在 2 s 内完成响应。

(2)SOA 地图服务器：本平台采用多台面向服务的地图服务器实现负载均衡集群技术，用于提供栅格地图图片引擎服务，且需要能够同时响应 1 000 个并发用户的图片请求，且能在 3 s 内完成响应。

(3)Web 应用服务器：通过各种协议将访问业务应用系统(GIS 应用)的途径以 Web 应用方式提供给客户端应用程序使用。

(4)实时消息分发服务器：该服务器用于接收客户端发送的消息，并将消息分发到各个分布式的服务器。

(5)PC服务器:PC服务器采用高性能配置(处理器、内存、千兆网卡、HBA卡、磁盘),其中三台用于地图应用服务器,七台用于环境的部署和服务架构的实现。PC服务器和负载均衡集群器合作以实现Web应用服务层的应用负载与集群。

(6)图形工作站:处理以矢量和影像形式呈现的地理信息数据。

(7)存储设备:TB级别的磁盘存储硬件设备用于存储地理信息数据,采用8 Gbit FC和40 Gbit无限带宽(InfiniBand,IB)技术的主机接口、NAS存储系统双控制器架构、32 GB高速缓存以支持多通道负载均衡和链路故障防护。采用16 Gbit光纤交换机满足系统对地理信息数据存储及SAN交换网络的地理信息数据访问计算需求,增加数据的存储能力,提高数据的传输速率。

(8)负载均衡设备:负载均衡建立在现有网络上,用于扩展网络设备和服务器的带宽。可以采用合适的负载均衡算法,确保业务负载均衡的实时高效,以经济高效方法增加应用服务器和网络的吞吐量,增强网络的海量地理信息数据处理能力,提高站点和网络的可用性和灵便性。

(9)SAN光纤交换机:SAN光纤交换机使光纤链路的传输速度变快,链路的抗干扰能力增强,满足Web应用服务器设备对光纤链路的需求,保障其负载均衡访问和冗余,使得对地理信息数据的业务访问不受交换机宕机的影响。

(10)GPS定位仪:获取定位数据并将数据传送到互联网上的SOA地图服务器。

2. 网格时空大数据硬件平台建设

网格计算是互联网上用于协调计算的创新性科技,网格计算的硬件基础设置是基于IP协议的宽带数字通信网络的,网格计算改变了传统的客户端—服务器和客户端—集群架构,形成了新的普适计算与网格计算(pervasive/grid,P/G)架构,利用大量计算机的空闲CPU周期和磁盘存储资源,将网格计算嵌入到分布式基础设施的虚拟计算机集群中,解决海量地理信息数据的计算以及处理问题。网格计算对于单一计算机而言将大规模的地理信息数据分解为各个小型数据,增加了处理、计算数据的灵活性和效率。下面通过两个实例来进一步了解网格时空大数据硬件平台建设。

1)应用一:教育信息化ChinaGrid网格硬件平台建设

随着中国教育的信息化,教育中的计算资源、信息资源以及存储资源分布范围广、种类繁多,教育部在211工程公共服务体系建设中创立了ChinaGrid项目,旨在全国各个高校间建立网格节点,这些节点具备对于爆炸式空间数据的超级计算环境。ChinaGrid由中国教育科研网格公共支撑平台(ChinaGrid Support Platform, CGSP)、依托CERNET形成的网格硬件平台、基于CGSP开发的面向五类科学研究的应用网格三个部分组成,将高等院校间的网格连接起来,大约集成的计算达到了15万亿次等级,总的空间数据存储量达到了150 TB。图3.4介绍了校园网络下的硬件基础平台建设。

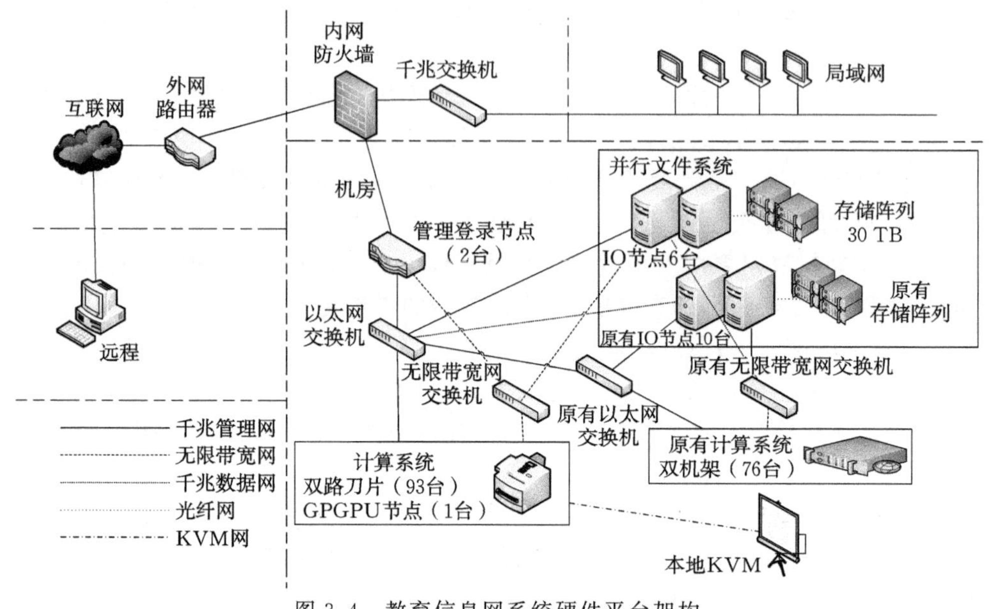

图3.4 教育信息网系统硬件平台架构

(1)主干网络:由分布在各大校区的路由交换机构成,负责网段中路由器和接入层硬件设备间数据交换,将快速和千兆以太网交换机、IB交换机以及路由器集合到一个交换机中,增强交换机功能,使用千兆光纤连接主交换机和节点交换机。集成路由功能,使得网络具有无阻塞、高容量以及高效可靠管理能力的特点。

(2)网络服务器:网络服务器由互联网服务器、计算系统以及并行文件系统组成。计算系统中的服务器采用曙光新一代刀片产品服务器TC 3600,并能够远程控制互联网服务器,网络服务器采用客户端/服务器系统架构,通过网络接受客户端发送的服务请求,并返回处理结果。提供的应用服务包括多媒体服务、共享数据库服务、共享硬件设备服务、通信服务等。

(3)网络:采用千兆管理网、无限带宽网、千兆数据网、光纤网、KVM网,进行外网、内网、局域网的互联。

(4)广域网、网络互联以及网络安全:配置硬件防火墙保证网络的安全,减少网络安全受到威胁的风险。

(5)存储设备:采用磁盘存储阵列进行海量空间教育资源信息的存储。

2)应用二:社区网格化硬件平台建设

社区网格化管理是将社区按照一定的划分标准分为几个单元网格,基于社区管理以及数字化平台对社区进行数据化网格管理。

社区网格化管理的硬件部署如图3.5所示，将社区网格系统划分为公共社区网站服务区和网格社区系统服务器。其中的硬件基础环境包括硬件防火墙、存储硬件设备、硬件服务器以及呼叫中心。

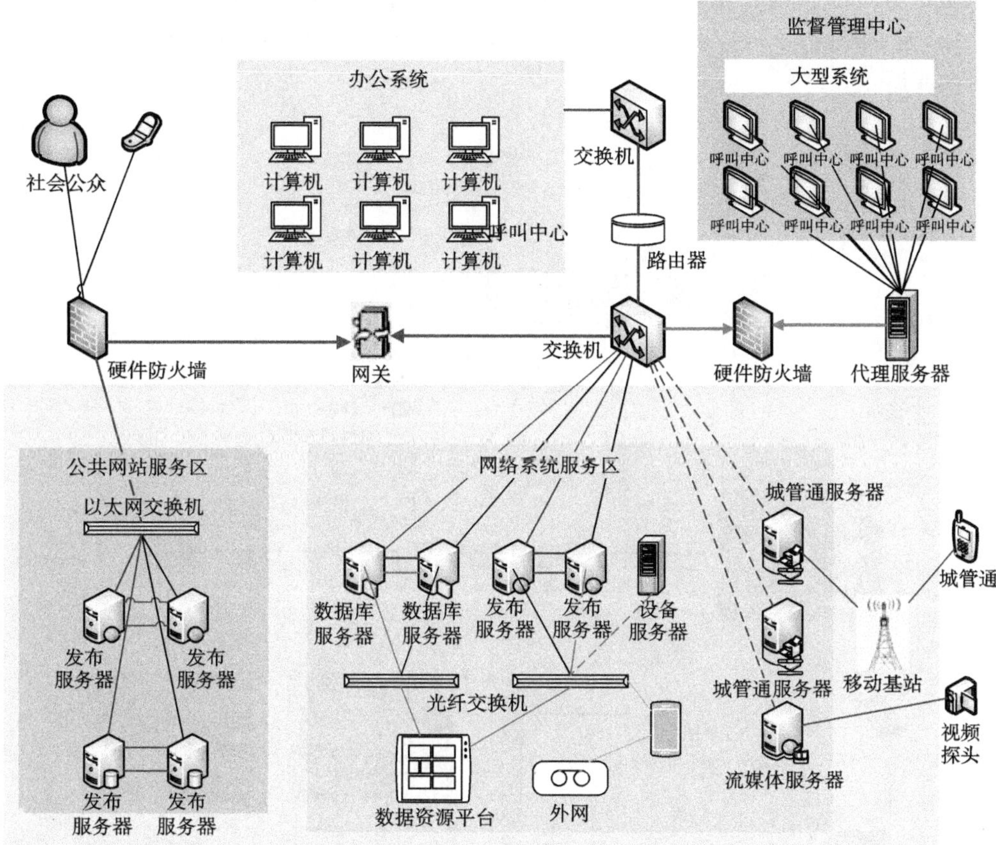

图3.5　社区网格化管理系统硬件平台架构

(1)服务器：将多台服务器集中起来形成服务器集群提供一种服务，利用多台服务器增加其并行能力提高数据处理效率，且对数据进行备份存储以增强系统的可用性。

(2)存储硬件设备：用于存储社区中产生的空间信息以及生活数据，是支持整个社区网格系统数据库及管理系统的硬件基础设施，实现数据的管理、共享和优化处理。在数据存储系统中，存储硬件设备采用可以伸缩的网络拓扑结构，使用高速传输的光纤链路进行连接，可以与其他存储设备节点进行数据交换，且将数据管理集中在独立的主存储设备中。

(3)无线数据采集器：用于子系统处理信息的采集，子系统与监督中心间的信息及任务的传递。采集器需要有15 GB以上的存储空间。

(4)中心机房:可以对社区的报警系统、门禁、电子监控系统进行管理,提供24 h的运行维护服务。

(5)网络环境:实现社区网格节点间的资源交换、信息共享以及联通。由高性能的路由器组成核心层,实现双份数据备份;汇聚层使用网络环形传输结构;由NAT地址转换、单机VPN、路由等形式形成接入层。网络环境的硬件环境部署如图3.6所示。

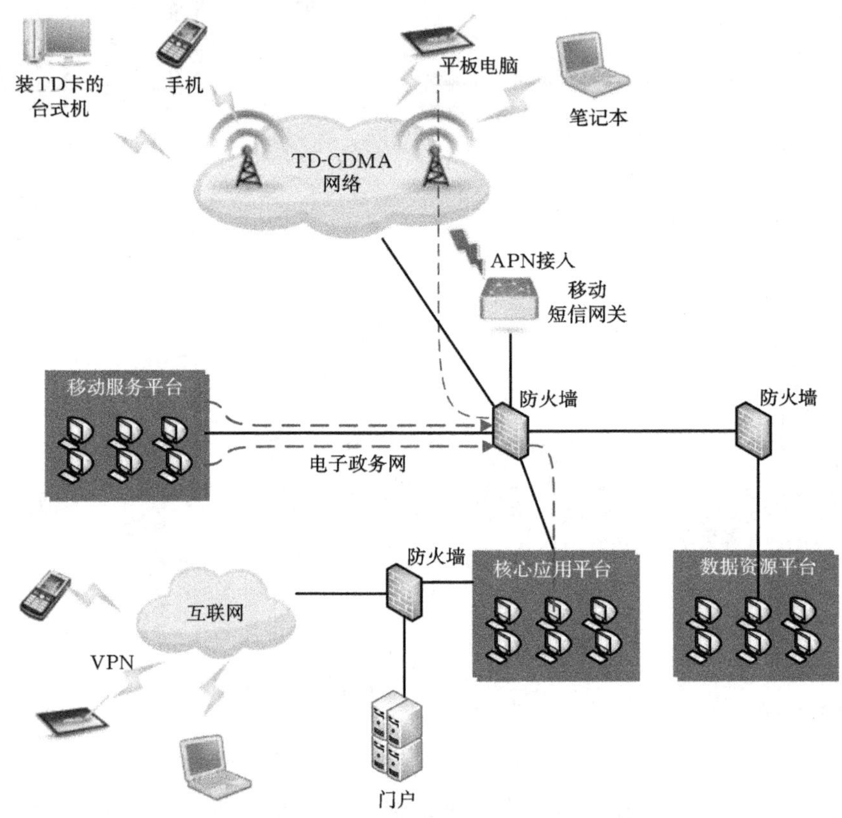

图3.6 网络环境硬件环境部署

(6)网络接入安全配置:社区网格系统中配备硬件防火墙和入侵防御系统,将整个网络划分成不同的安全级别,并采用相应的访问控制策略。网络接入安全硬件环境配置如图3.7所示。

3. 高性能大数据硬件平台建设

高性能计算构建集群即构建一个由多台计算机组成的局域网。高性能计算的部署环境可以在数据存储及软硬件一体化的平台中,可以被良好地应用于大数据。高性能计算采用并行算法,将海量数据划分成一些小规模的数据,将数据分布到集群上的不同节点进行计算处理,最后将集群节点上的计算结果合并得到最终处理

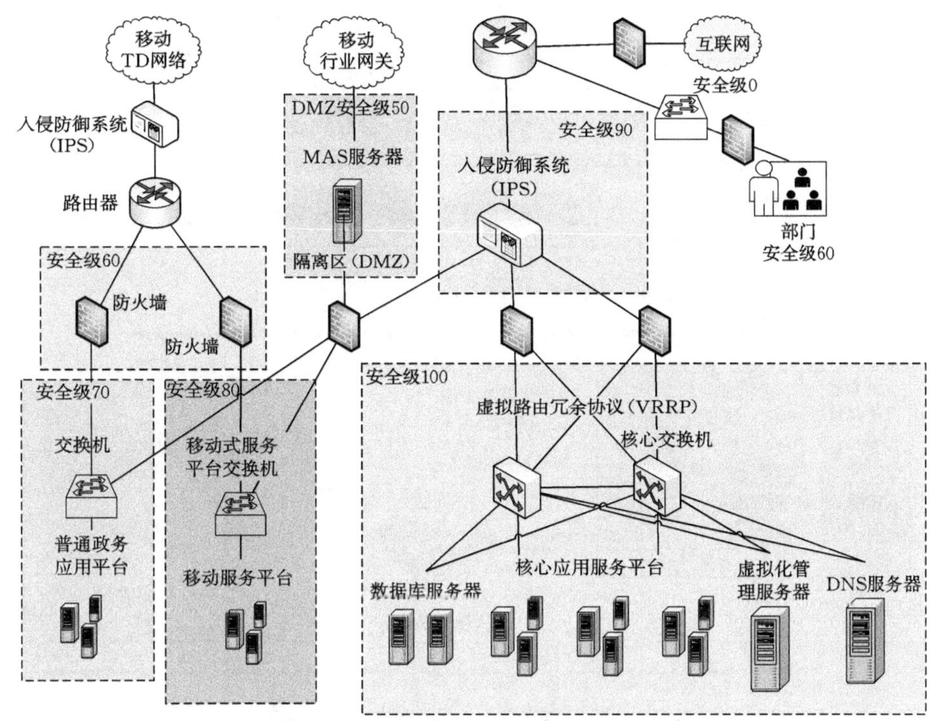

图 3.7 网络接入安全硬件环境配置

结果。采用高性能计算不仅可以缩短处理分布数据的时间,也可以提高处理数据的精度。下面通过两个实例来进一步了解高性能时空大数据硬件平台建设。

1)应用一:卫星遥感数据同化高性能大数据硬件平台建设

海量的卫星资料信息数量级已经达到了TB级别,一般的存储系统和输入输出设备已经无法满足卫星空间数据的容量、可靠性及性能要求,并且卫星空间数据的数据量还在以每年PB级别的速度增长。卫星信息处理需要极高的计算性能,对卫星信息数据的海量计算量及数十万亿次每秒的数据高性能计算能力,要求处理存储系统有较高的稳定性、可用性和可靠性。

高性能大数据处理解决方案的出现解决了上述问题,可以为处理大规模卫星遥感数据提供一个高性能、高可用、高可靠以及可扩展性的先进系统,可以满足数据的安全性要求,对数据进行容灾和备份处理。卫星遥感数据同化高性能大数据硬件平台的总体拓扑图如图3.8所示。

系统由接入交换器、负载均衡器、万兆业务交换机、刀片集群、千兆管理交换机以及InfiniBand交换机等部分组成。系统的主体是由多个实现特定功能的系统(存储、网络、管理、计算、软件等)构成的服务器集群。

(1)GPGPU服务器集群系统:集群计算系统使用CPU-GPU异构体系结构,其中的GPU节点使用高性能架式工作站,CPU节点使用最新的计算刀片及X86

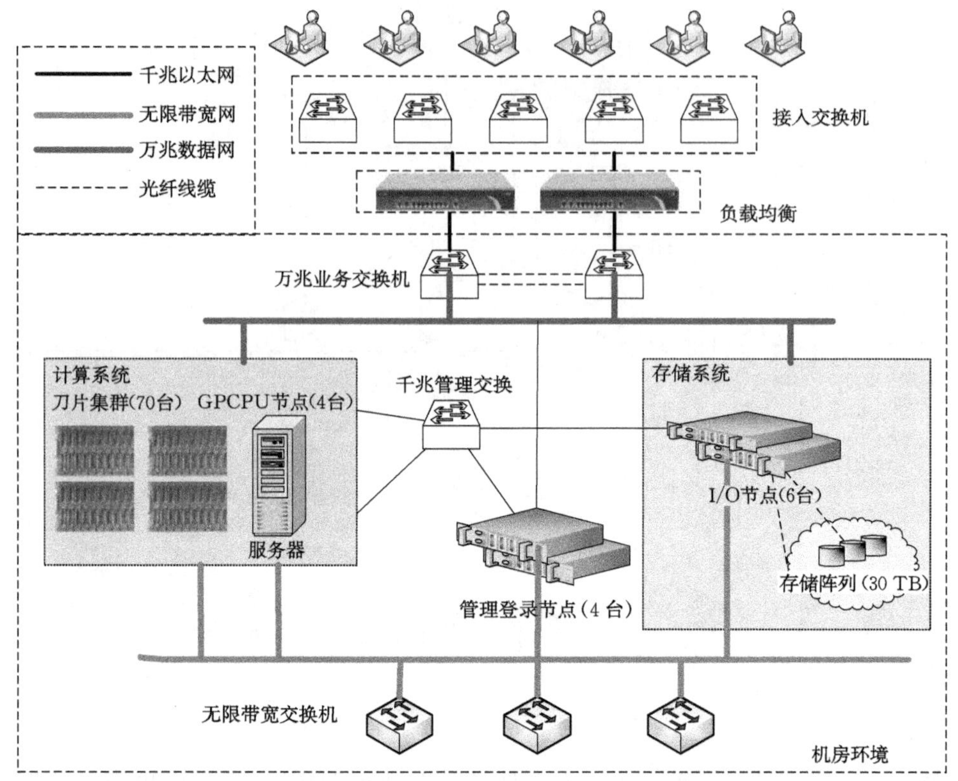

图 3.8 卫星遥感数据同化高性能大数据硬件平台的总体拓扑

处理器,每个工作站使用三块 GPGPU 计算卡用于进行卫星数据的超高密度的计算,系统可以进行高达数十万亿甚至百亿次的双精度浮点计算,符合对卫星遥感数据计算的精度以及性能要求。集群网络采用可以达到最高 5 656 Gbit/s 的单项带宽、时延小于 1 μs 的 InfiniBand 高速的网络,克服了集群节点间通信遇到的瓶颈。集群计算系统的存储硬件基础设施采用冗余的 SAN 体系结构,并使用高容量的磁盘阵列。集群系统充分考虑节点的冗余,提高系统的稳定性、可用性和可靠性,确保非异化遥感卫星数据业务的完成。

(2)InfiniBand 交换机:交换式通信组织(switched communications fabric)可以提供较高的性能,使得 InfiniBand 技术较局部总线技术具有更高的效率,其传输层点到点连接通过硬件设备变得具有更高可靠性和性能,并在链路上支持内存映像和信息传递技术。InfiniBand 通过一台中心交换机在远程存储器、服务器以及网络等硬件设备监控一条链路,并用其来控制流量,可以有效缓解设备间的流量阻塞。

2)应用二:海洋模式高性能大数据硬件平台建设

海洋模式范围广泛,包括海洋生物、海洋声学、物理海洋以及海洋地质。而海洋声学通过研究声波在海洋中的传播规则探测海洋;物理海洋又涉及区域海环流模式、陆地环流模式、耦合模式、大洋环流模式、气候系统模式等；海洋地质包括对地震资料的叠前、叠后的特殊处理，地震资料的叠前、叠后反演等数据的处理。

海洋模式数据量大，所要求的计算量也比较庞大，需要更高要求的输入输出读写量、可扩展性以及并行性，可以采用高性能计算集群大数据处理方法对海洋模式数据进行管理及分析，系统的拓扑结构如图 3.9 所示。

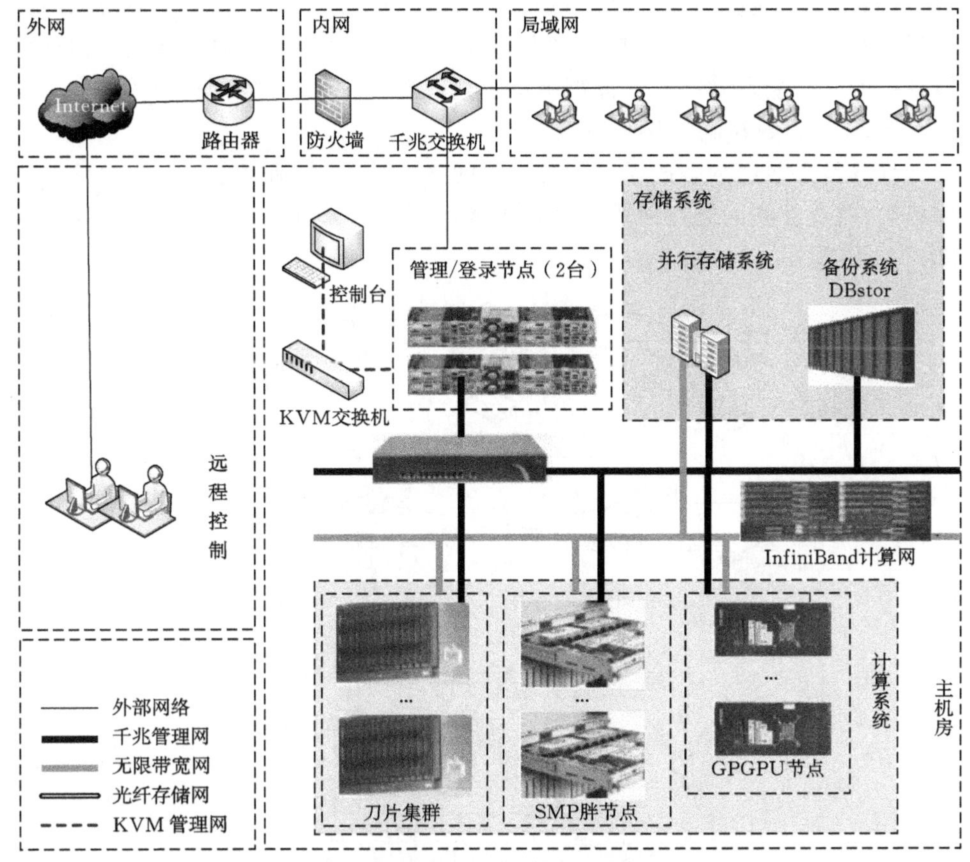

图 3.9　海洋模式高性能集群系统拓扑结构

海洋模式高性能集群系统由多个实现特定功能的系统（计算、网络、存储等）组成。

（1）网络系统：采用 InfiniBand 网络与以太网组合的方式构成网络系统，两个网络之间相互独立，增加网络上传输的海洋数据的冗余，提高高性能集群系统的可用性、可靠性。外网与客户端的交互采用了互联网及路由器，内网则配备了防火墙和千兆交换机。

（2）存储系统：采用并行存储系统，并配置了备份系统 DBstor，增加了系统数据的冗余性，从而提高了系统的安全性和可用性。并行文件系统可以提供高达数十 Gbit/s 的读写带宽及 PB 级别的海量存储能力，备份系统采用曙光公司的虚拟磁带备份硬件基础设备，对重要的业务及海洋模式产生的数据进行定期的存储备份。

(3)计算系统：计算系统由 X86 计算刀片集群、GPGPU 计算节点以及对称多处理结构(symmetric multi-processing，SMP)群节点构成，充分整合了刀片集群的高性能计算、高扩展性的优点以及 GPGPU 大规模高并行性计算的优势，计算系统可以提高系统的处理性能，使其可以进行每秒数百万亿次的双精度浮点数据计算。计算系统的高性能及高扩展性计算满足了处理海量海洋模式数据时的需求。

4. 云计算大数据硬件平台建设

云计算是指通过网络按需访问可配置的共享资源，包括服务、应用、存储、服务器网络等，通过互联网进行使用并交互服务的模式。云计算的典型大数据物理架构如图 3.10 所示。

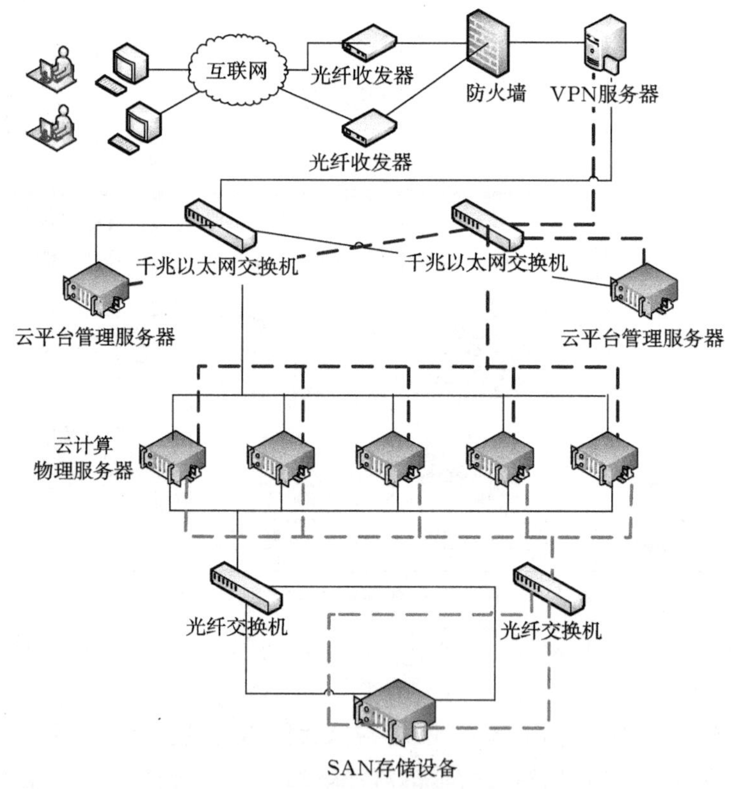

图 3.10 云计算的典型大数据物理架构

分析云计算大数据硬件平台时，需要考虑云计算的三种基本服务模式：公有云、私有云和混合云。分别对三种服务模式的基础设施进行分析。

(1)公有云：公有云将客户提供的程序混合放置在云的服务器、存储器以及网络上，用户也可以独占单个客户端，产生一个虚拟专用数据中心。客户可以在公有云中处理服务器、网络设备、网络拓扑、存储系统等，也可以处理虚拟机影像。在主机的托管场所对公有云进行部署，可以给多个客户提供服务。

(2)私有云：私有云是为客户单独构建的，可以有效控制数据的安全性及服务的质量，私有云的基础设施可以部署在企业的数据中心，也可以部署在一个主机的代管中心。专有云可以由主机托管场所或者是企业的数据存储中心托管，企业、云提供商或者是第三方提供支持。

(3)混合云：将私有云与公有云模式混合在一起，有助于扩展云外的服务供应和按需分配。

云计算的硬件设备基础是高性能集群，下面通过两个实例来进一步了解云计算时空大数据硬件平台建设。

1)应用一：信息中心云计算大数据硬件平台建设

时空大数据采用云计算形式进行处理和存储，不但要适应时空大数据的计算复杂、计算精度高、数据种类多等特点，也需要保障时空大数据传输和存储的安全性和高效性。云计算信息中心的硬件环境基础设施拓扑结构如图 3.11 所示，云计算信息平台的物理资源层组合包括：X86 服务器和虚拟机结合(X86 服务器用于集群、业务应用、小型数据库服务器的分布式集群处理)、存储虚拟化控制器、光纤交换机(网络 VLAN 管理)、网络设备、存储设备、实体硬件服务器以及小型机等。

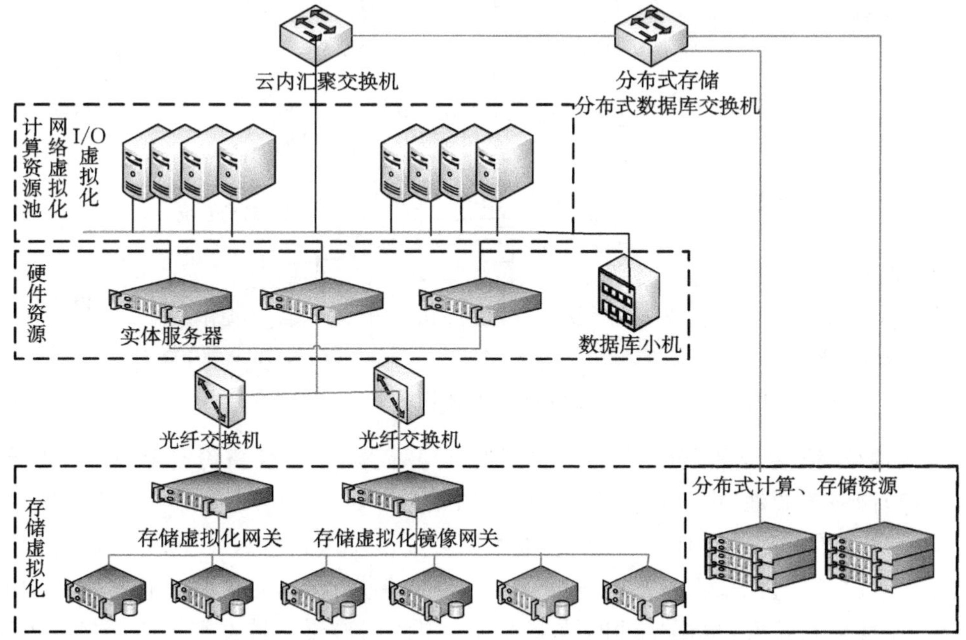

图 3.11　云计算信息中心的硬件环境基础设施拓扑结构

2)应用二:政务云云计算大数据硬件平台建设

随着大数据时代的来临,地理信息数据及通信技术改变着人们的生活方式,使得人们在生活中产生了大量的数据,海量的数据对政府机构的工作也产生一定的压力,传统的电子政务已经无法满足政府机构处理及分析大规模的政务数据、国家数据、企业服务等,所以需要将云计算技术融入现有的政府政务中,构建政府云云计算大数据硬件平台,用于解决上述问题,政务云云计算大数据平台的硬件基础设施架构如图 3.12 所示。

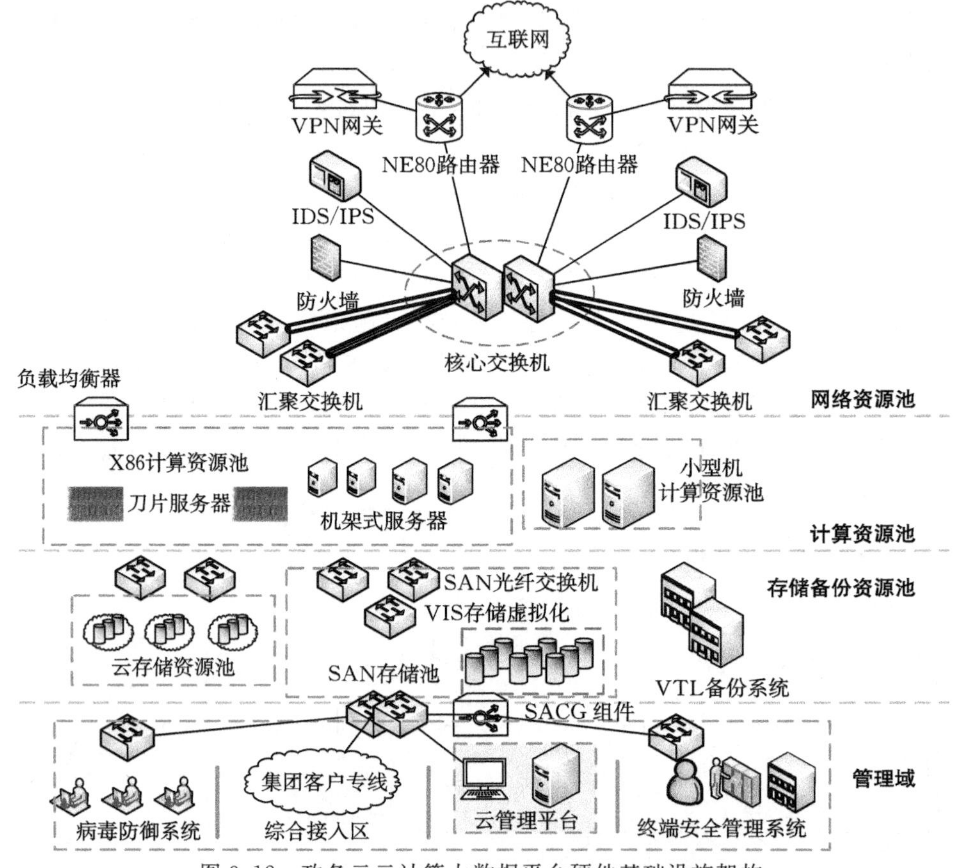

图 3.12 政务云云计算大数据平台硬件基础设施架构

架构采用四层结构,分别为网络资源池、计算资源池、存储备份资源池和管理域。

(1)网络资源池:由 VPN 网关采用 VPN 技术实现不同网络间的互相连接;接入交换机的端口密度高且成本较低,服务器将数据发送到接入交换机,并将处理数据输出到服务器;汇聚交换机汇聚接入交换器的用户流量,对数据进行分组传输的汇聚、变换以及转发,根据处理的结果将接入层的用户流量转发到核心交换层进行路由处理。

(2)计算资源池:由刀片服务器、X86 计算资源池以及小型机资源池构成,云计算需要高端的计算基础设施,一般需要多台高性能的高端服务器及高密度的统一服务器。

(3)存储备份资源池:存储设备存储的数据规模需要达到 TB 级别甚至 PB 级别。采用 VTL6000 虚拟磁带库,完成数据的大容量、高可用、高性能的备份,使存储设备池具有重删全局重复数据、磁盘休眠、绿色节能等特性。

(4)管理域:进行云管理及终端系统的安全防护。

3.3　时空大数据处理软件平台

3.3.1　数据处理平台软件环境发展

数据处理平台软件环境有分布式计算环境、网格计算环境、高性能计算环境、云计算计算环境等。

(1)分布式计算是利用计算机网络将成千上万台分布式的计算机连接在一起,组成一台虚拟的超级计算机,分布式计算机之间通过传递消息进行通信协作,从而达到计算的高性能。分布式软件环境包括操作系统、网络以及分布式应用程序。分布式数据库对底层数据库进行统一封装,并且给用户提供对公共数据的访问接口,支持分布式的数据库,支持数据库的多个用户。对分布式计算技术的研究主要基于分布式计算环境和分布式操作系统,分布式计算技术包括几种主流的技术:P2P 技术、移动 Agent 技术、中间件技术、Web Service 技术等,可以选择合适的技术将其应用到相应领域或者是相应的海量数据计算中。我国拥有大规模的网络和终端级用户,但是我国对分布式计算环境的研究程度及人们对分布式计算的了解程度与发达国家之间存在着显著的差异。许多计算机用户仅将计算机用于日常操作,只有极少部分的计算机用户与科研机构才进行分布式研究及分布式软件环境的搭建。但是上述几种常见的分布式技术中没有一种可以代表分布式计算的主流技术方向。分布式计算技术的种类繁多、构成复杂使得研究者对分布式计算环境的研究十分踊跃,分布式计算由于其高效、便宜的独特优点越来越受到社会的关注。分布式计算环境的发展给大数据的分析处理及存储带来了极大的便利,提高了数据处理的效率。

(2)网格计算是一个利用大量异构计算机的 CPU 周期和磁盘存储的空闲资源,被嵌入到分布式计算基础设施中的虚拟计算机集群,是解决海量数据计算问题的一个模型。网格是一个集成互联网资源的虚拟超级计算机,面临着计算密集型和数据密集型应用的挑战。网格计算不但提高了计算的灵活性也增强了对数据的可用计算力。网格计算被应用于很多领域,如在科学领域,网格计算用于大规模数据挖掘、构造大型的模拟和观测数据;在商业领域,网格用于计算高度分布的、异构的企业之间的海量数据并提供相应服务;在政府部门领域,网格用于实现各个政府部门间海量信息数据的互通和互操作。网格为应用间的紧密集成提供了一种高效的方式,能在不同的分布式计算机中集成应用和交互数据,网格提供了综合数据、设备、计算机、网络等资源以及各种服务,真正实现了计算资源、软件、人才、服务、数据信息等资源的共享。网格的关键软件技术特点是实现了动态资源的共享、具备高可靠性和高可用性、提供按需服务及保证系统安全性等,网格计算是一种新兴的技术,许多网格计算技术仍处于研究及开发阶段,即使是技术领先的欧美国家,仍在进行网格计算技术的深入研究,例如,UNICORE、Globus、Legion、Netsoive、WebFlow 等。

(3)高性能计算通过网络互联技术将多个计算机系统连接起来,形成一个计算机集群系统,这些被连接起来的计算机可以综合起来处理单个计算机难以处理的数据计算问题,所以还被称为高性能计算集群(high-performance computing cluster,HPCC),亦被称为数据分析超级计算机。人们对数据的计算性能要求是没有极限的,可以通过优化计算机的运行参数、内存配置与容量、优化网络等方法优化高性能集群计算性能,目前一个使用 InfiniBand 网络连接的高性能集群的计算效率一般高于 70%,对高性能计算技术的研究主要从软件开发、并行算法、体系结构等方面进行。当前,高性能计算技术向着两个方向发展:①在广度上着重开发有应用前景的高性能计算服务器;②从深度上注重研发具有高性能及高效率计算能力的高性能计算机。高性能计算的发展水平代表着一个国家的科技研究水平及综合实力,尤其是在大数据时代,是否能够正确使用高性能计算决定了该行业能否适应现在的网络信息变化。高性能计算软件环境的发展推动着大数据时代对数据的处理及分析能力的发展,已经对人们的生活方式产生了巨大的影响。高性能计算可以用于大数据数值模拟和处理结果的动态显示,可以对海量数据进行处理并得到处理结果。在大数据时代,高性能计算可以用于计算、处理各应用领域产生的海量数据,如气象环境海洋空间数据的预报数值、计算机辅助工程的工业生产数据、地震以及油气勘探等地理信息数据、生命科学应用中多样的大规模数据等。

(4)云计算是对通过网络使用、增加以及交付相关服务的模式描述,一般通过网络提供动态虚拟化的资源。云计算的核心理念是资源池,"云"指一些虚拟化的计算资源,如大型的服务器集群、计算机服务器、存储服务器、宽带资源等。云计算是由并行计算(parallel computing)、分布式计算(distributed computing)和网格计算(grid computing)发展而来的,是整合基础设施即服务(infrastructure as a service,IaaS)、平台即服务(platform as a service,PaaS)、软件即服务(software as a service,SaaS)、效用计算(utility computing)和虚拟化(virtualization)等概念的结果。云计算虽然是一种新型的技术,却改变了传统工作模式和数据处理方法,很多关于云计算应用的新概念(如指挥城市、公有云、私有云、混合云、云存储等)被提出并用于处理海量的大数据。云计算数据处理软件平台的扩展投资价值、云安全、云设计以及移动云服务等几个方面在大数据时代备受人们的关注。

3.3.2 基于大型集群并行大数据实时处理平台

1. 概念

集群计算是并行计算的一个重要组成单元,高性能集群计算平台采用多台计算机构成。集群计算平台使用高速交换机连接集群节点。目前,常见的大型集群有 Hadoop 集群和高性能计算集群。一般用于特殊部门的高性能计算集群采用的是特殊的硬件,其兼容性差、成本高、维护困难且耗能大。而大部分的高性能集群采用信息传递接口(message passing interface,MPI)和 MPI 实现的软件作为计算集群的调度系统。Hadoop 集群采用网络基础设备和商用计算机作为其计算集群的调度系统,包括大规模数据集(大于 1 TB)的集群并行计算模型 MapReduce 和分布式文件系统 HDFS。Hadoop 的成本较低,被较多地用于互联网的数据处理分析。大型集群并行大数据实时处理平台需要高速网络的连接,暂时无法跨子网及网段使用。

2. 原理

集群使用高速网络连接大量高性能的计算机和工作站,形成一个高性能的计算机系统。集群节点上的主机通过消息传递机制来研发并行应用程序,每一个集群节点必须是功能完整的独立计算机或工作站,有各自的存储系统。集群并行系统可以突破 SMP 系统的瓶颈,最大限度地添加节点的个数。

Hadoop 集群是对海量数据进行分布式处理的软件框架,对数据的处理方式可靠、高效且可伸缩,Hadoop 对处理分析的数据维护多个副本,确保在数据计算存储失败时能够重新分配节点处理数据,Hadoop 以并行的形式处理海量 PB 级别的数据。Hadoop 被广泛应用于大数据的处理,因为 Hadoop 使用分布式架构体系,可以尽可能地在存储系统附近进行海量数据的处理分析,例如可以将类似抽取—转换—加载(extract-transform-load,ETL)的批处理结果直接存储到存储设备。且 Hadoop 中的集群编程模型 MapReduce 将完整任务在 Map 中进行分解,并交由 Reduce 函数进行并行处理并合成结果。Hadoop 集群计算平台由分布式文件系统 HDFS、MapReduce、分布式数据库 Hbase 以及数据库仓库工具 Hive 构成,其中位于最底部的是 Hadoop 分布式文件系统 HDFS,用于存储 Hadoop 集群平台上所有存储节点上的数据,HDFS 的上一层是 MapReduce 处理引擎。

3. 应用

1)应用一:多 CPU 集群并行环境下 WebGIS 计算模型

在大数据时代,随着互联网技术及采集、传输、处理分析技术的发展,GIS 空间数据的规模不断扩大，传统的空间数据分析方法已经远远不能满足海量网络地理信息系统（WebGIS）数据处理需求。可采用集群并行技术的可扩展高性能计算能力，充分利用多核CPU计算资源有效处理海量的地理信息数据，为海量WebGIS数据的分析问题提供了有效的解决方案。

WebGIS的发展使得对空间数据的计算从串行的单任务处理方式转变为了并发、协作任务处理方式。在集群并发环境中为WebGIS数据处理任务选取合适的服务器资源时，需要考虑任务的等待时间、数据资源的负载能力、处理服务的等待时间以及服务节点的资源利用率等因素，从而提高系统对WebGIS数据并发访问性能和数据处理响应速度。

多CPU集群服务器对并行环境下的WebGIS计算模型的优化策略可以提高WebGIS的数据分析及并发访问的效率。本模型在集群并行模型的各个服务器节点及节点内部采用两级并行处理的模式，采用多线程调度、缓冲请求队列机制以及计算任务响应比的方法进行并发处理，从而提高系统对海量WebGIS空间数据的并发处理性能。

多CPU集群并行优化的WebGIS模型如图3.13所示，可以优化多CPU集群并行环境下WebGIS系统的性能。

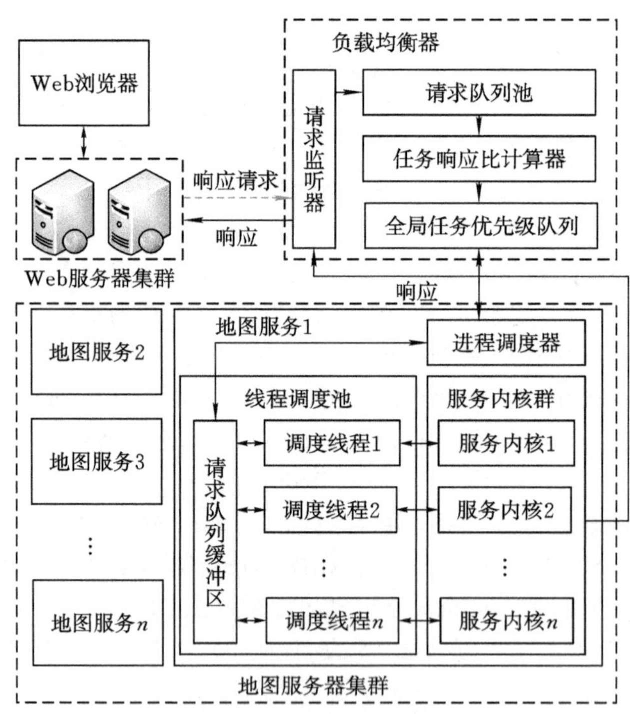

图3.13　多CPU集群并行优化的WebGIS模型

(1)Web服务器集群：Web服务器集群接收客户端读取空间数据时提交的地图访问请求，并分析客户端提交的请求参数，随后将请求参数传送到负载均衡器。

(2)负载均衡器：请求监听器利用任务响应比，在一定时间间隔内，计算已经被接受并放入队列池的每个请求的请求响应比，并按照请求的优先级将请求放入全局的任务优先级队列中。最后负载均衡器接收地图服务器处理的数据，将结果返回到客户端。若并发客户端用户数量增加，则增加地图服务集群中的地图服务器。

(3)地图服务器集群：集群中的地图服务器获取在全局任务优先级队列中响应比最高的请求任务。集群中的服务器节点进程将请求存入请求队列缓冲区，调度线程从缓冲区中选择请求任务，分配任务到最适合的服务器进行分析处理，最后将完成的 WebGIS 数据请求处理结果返回到负载均衡器。

多 CPU 集群并行环境下 WebGIS 计算模型在服务器节点及节点内部采用两级并行处理机制，利用多 CPU 并行计算的优点，且采用地图服务器节点主动获取任务的方法代替了传统的被动负载均衡方式，实现了多 CPU 集群计算中的任务调度和负载均衡的高效性，提高了集群 WebGIS 计算模型的并行计算性能。

2)应用二：遥感数据高性能集群并行处理

遥感应用程序对遥感数据的处理精度及数量有着极大的需求，随着遥感数据量的增加，需要寻求满足遥感数据处理的高性能方法。目前遥感数据处理方法技术有基于大规模分布式处理的网格计算技术及基于并行数据处理的高性能集群计算技术，其中高性能集群计算技术包括大规模并行处理技术和高精度的遥感数据处理技术。遥感数据的集群并行处理需要对海量数据进行存取和分析、对数据请求任务进行调度和管理等。

遥感数据集群并行处理技术是将对海量遥感数据的处理分解为多个子任务，将子任务分配给集群平台上分布式的计算机节点，这些计算机节点处理小型的遥感数据，并通过网络相互协作交互，并行地执行分配的子任务，从而提高系统对海量遥感数据的处理速率和精度，并扩大对遥感数据处理的数量级规模。

遥感数据的集群并行处理需要满足三个要求：①集群系统必须包括多台通过网络通信连接的计算机，这些计算机构成的集群进行高性能的遥感数据处理；②遥感数据的并行处理将海量的遥感数据的处理任务分解为多个子任务，这些子任务被分配到集群中的计算节点进行并行处理；③遥感数据集群系统的并行编程，设计遥感数据的集群并行处理算法并编写运行并行处理程序，以完成对遥感数据的并行处理。

以遥感影像数据处理为例，遥感影像数据集群并行处理平台由数据与处理子系统、数据和产品存储管理子系统、产品生产子系统三部分组成。其中，数据与处理子系统主要负责影像纠正、大气纠正以及影像切分，数据和产品存储管理子系统负责影像存储、影像检测和算法管理，产品生产子系统负责影像存储、影像检测和算法管理。

(1)遥感数据预处理系统：在遥感数据并行处理中，需要将基础的处理中公共操作提取出来，独立构成一个子系统以完成对数据的预处理，如遥感影像数据处理中的影像纠正、配准等。

(2)遥感数据存储管理系统：将遥感数据及数据的处理结果进行独立且统一的管理，提供数据及数据处理结果的访问接口，且对存储的数据进行分布式管理。

(3)遥感数据处理交付系统：系统包括并行计算集群和客户端。并行计算集群包括主计算机节点，主要用于与客户端进行交互，并采用调度算法将对处理遥感数据的子任务分布到各个子节点，若干个计算子节点对分配到的任务进行并行处理。

在遥感数据处理交付系统的遥感数据并行处理过程中，将集群对遥感数据的并行处理分成任务级并行、数据集并行以及算法级并行。任务级并行是指遥感数据集群并行处理平台调度多台处理服务器，为不同用户提供多任务级的数据请求处理。数据级并行指在集群并行数据处理服务器中将用户提交的海量遥感数据处理任务进行分解，将数据以及对应的任务分配到并行集群计算节点。算法级并行，将分离的独立函数在 CPU 内核上进行并行计算处理，实现基于 CPU 的算法级并行，提高执行算法的效率。

遥感数据集群并行处理系统的体系结构自下而上分为五层：物理层(硬件设备)，包括配置集群系统所用的所有硬件基础设备(网络设备、交换机、光纤、管理节点、计算节点以及存储阵列等)；系统层(并行系统)，由并行文件系统和并行操作系统组成，为用户访问不同的硬件设备提供一个统一的接口；通信层(中间件)是硬件设备间通过网络协议进行交互，集群计算节点间通过消息传递接口 MPI 进行数据通信，用于数据交换、并行计算、广播发布、消息加密以及防火墙功能等；处理层(并行处理模块)是对遥感数据进行并行化处理(配准、镶嵌、去层、融合、分类、资源监控、应用监控、日志管理、系统管理等)的功能，通过互联网通信引擎(internet communications engine，ICE)中间件技术对集群并行处理系统进行监控；应用层(用户界面)是提供用户对遥感数据集群并行处理系统(业务生成子系统和作业调度子系统)进行操作的一个图形化接口。

3)应用三：基于集群技术的大数据存储技术

随着卫星遥感技术的进步，受获取目的、设施位置、状态等因素的影响，获取的遥感数据容量变大，种类增多，更新也变得更加频繁，应用二研究了利用集群并行计算对遥感数据进行并行处理以提高数据处理分析性能、效率的方法，同样也可以将集群并行技术引入海量遥感数据的存储满足遥感数据存储高可用性及可靠性的要求，成为遥感信息化建设的重要技术支撑。

网络存储成为大数据存储的一个最普遍的存储方式，目前常见的网络存储方式有存储区域网络(storage area network，SAN)和网络附属存储(network attached storage,NAS)两种。但是根据现有的网络存储发展经验,其研发周期长且复杂,配备存储基础设施的成本投资高,且随着软件和硬件技术的发展,系统中配置的设备如果不进行及时更新升级将会很难满足大数据存储的应用需求。

将集群并行技术引入到海量遥感数据的存储,集群技术将独立的存储系统用高速网络连通并进行统一管理,集群并行的遥感数据存储系统具有高可用性、负载平衡性、扩展性以及高效的并行计算性能。

集群并行存储系统将多个存储节点用高速网络进行联通,这些节点设备相互独立,可以单独存储数据,也可以通过网络进行信息交互,即每个存储节点可以访问自己的存储节点也可以访问其他存储节点。集群并行存储系统中每个节点都以虚拟磁盘的方式将存储空间提供给客户端使用,系统遵循分布式存储的方式,将数据分配到各个独立分布式的存储节点设备上进行存储。集群并行存储系统可以适应不断增长的海量遥感数据规模,进行即时数据存储,也可以避免因为软硬件发展而导致的设备升级问题,降低了设备管理的复杂性。使用集群并行遥感数据存储系统可以使系统获得更高的易维护性、可扩展性、可用性、可靠性和整合带宽等。最典型的集群存储应用是谷歌体系结构。

战场上的遥感影像信息数量规模大、来源广泛、更新频繁,对数据处理的可用性以及稳定性要求极高。所以可以使用服务集群和存储集群两种集群技术构建集群并行数据存储系统,使数据存储系统有更高的易维护性、可扩展性、可用性、可靠性和整合带宽等。其多级集群并行系统拓扑结构如图 3.14 所示。

多级集群并行系统由下至上分别由信息存储集群、数据库服务器集群、应用服务集群构成。

(1)信息存储集群:为了适应遥感数据容量大且快速增长的特性,存储环境的存储容量需要具有高扩展性,信息存储集群使用了具有高扩展性的集群存储。使用网络文件系统(network file system,NFS)协议、通用网络文件系统(common internet file system,CIFS)协议,可以使得不同集群存储节点间实现数据共享。

(2)数据库服务器集群:提供了对数据库的并行服务,将数据库的存储和服务进行分离,构成服务应用集群。数据库服务器集群提供多进程的并行访问,增强应用的可伸缩性和系统的负载均衡以及故障处理转移能力。数据库服务器集群的集群节点通过高速网络相互联系,各个集群节点可以通过高速共享缓存共享在各个服务器节点上频繁被访问的数据,减少了对磁盘输入输出的访问,从而节省了海量数据传输和管理的时间,同时也保证了系统的服务可靠性和可用性。

(3)应用服务器集群:支持集群管理,使得服务器集群可以对各客户端发来的请求进行高效可靠的并行处理,从而保证请求处理的畅通。应用服务器集群使用主服务器节点负责任务分配的负载平衡,即根据各客户端的请求均衡将其分配到相应的应用服务器,采用轮询应答的方式对所有应用服务器进行轮询检测以发现

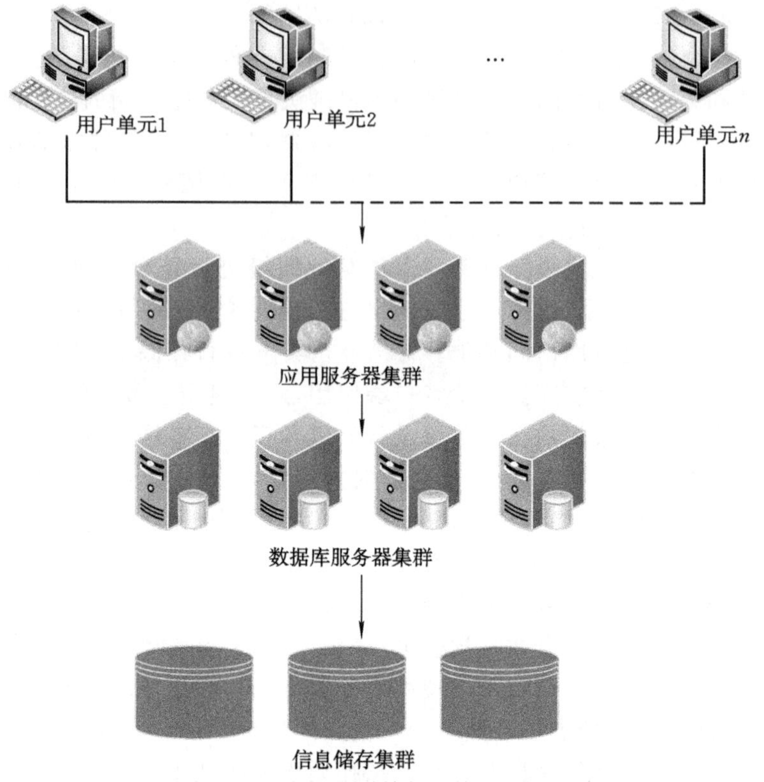

图 3.14 多级集群并行系统拓扑结构

有故障的服务器,并进行及时的故障处理和转移。集群中的每台子节点服务器都可以处理客户端的请求,且提供一致的透明服务,所以客户端不必关心所发送的请求分配给了哪个子节点进行处理。

3.3.3 基于 GPU 计算的时空大数据处理平台

1. 概念

GPU 计算是指将计算机的图像处理器用于数据计算工作的计算方式。GPU 计算模式,是在异构协同数据处理的计算模型中用 GPU 辅助 CPU,将应用程序中数据计算繁重的部分由 GPU 进行处理加速,而其他串行部分由 CPU 执行,从而提高应用程序的可用性。

2. 原理

随着数据流并行处理方式被 GPU 所采用,GPU 由原来的固定图形绘制管线转变为可编程图形绘制管线,在提高 GPU 处理能力灵活性的同时,为基于 GPU 计算的时空大数据并行处理的实现提供了可能性。GPU 由大量的运算单元构成,对数据的并行处理能力远远超过 CPU,而且 GPU 具有更大的普通内存位宽、更高频率的专用显卡作为内存,GPU 加速器对于有海量数据计算的应用有着极其重要的价值,因此大数据数据处理硬件平台越来越青睐于使用 GPU 加速器来满足其日益增长的数据规模及计算性能需求。在大数据时代,可以使用 GPU 协调 CPU 来提高并强化其整体计算性能。

GPU 比 CPU 具有更高速度的并行计算能力,主要原因体现在以下两个方面:

(1)流水线技术:流水线是指同时操作程序执行过程中多条重叠指令的技术。目前 GPU 采用了几百级的流水线,所以其具有较高的计算性能。GPU 能够包含几百级的流水线原因是:GPU 很少在执行的程序中使用分支语句;GPU 的数据具有很好的独立性,可以进行单独的并行处理;GPU 约束了内存的使用,在内存中读写不能同时进行;GPU 是通过增加流水线级数来提高计算的并行性的。

(2)多线程技术:GPU 采用多线程技术,当一条线程由于某些原因被挂起时,GPU 会切换到另一个线程进行处理,直到原来的线程执行条件得到满足,GPU 重新切换到原来的线程进行处理。CPU 采用操作系统管理线程而 GPU 采用硬件管理线程,GPU 这种轻量级的线程管理机制大大减少了线程切换时的开销,当正在运行的 GPU 线程由于访问外存或其他因素变为等待状态时,GPU 会立刻切换到另一个就绪的线程。这种方法很好地隐藏了线程计算中的时延。

统一计算设备架构(compute unified device architecture,CUDA)用于开发和管理 GPU 计算的开发环境,是 NVIDIA 推出的能够使用 GPU 解决复杂计算问题的并行计算框架。对海量数据计算从只使用 CPU 发展成了 CPU 与 GPU 协同并发处理,CUDA 允许应用程序利用 CPU 和 GPU 的优点协同应用这两种处理器。

3. 应用

1)应用一:基于 GPU 并行的遥感影像数据处理

GPU 有许多条渲染管线,能对图像操作进行并行化处理。GPU 类似于 SIMD 并行流处理器,其灵活性编程及并行性使得 GPU 除了绘制图形外还能处理计算任务。GPU 利用多条渲染管道及四种颜色(RGBA)通道进行并行计算,体现了 GPU 的强大并行处理能力,且运用 GPU 进行数据并行处理会降低使用成本,尤其是在图像处理计算方面。遥感影像数据的处理在多数情况下是统计并计算图像数据的特征数据,对图像特征数据的计算需要按某种经纬格网对栅格数据的局部进行裁剪并计算(基于分块的算法),最后将统计计算的结果存储到数据库。随着遥感技术的发展,遥感影像要求更高的图像分辨率及更丰富的图像信息。可以结合高性能并行技术,使用 GPU 计算提高海量遥感影像数据的处理性能。

基于 GPU 计算的遥感影像数据并行化处理的流程可以分为三个步骤:①预处理遥感影像数据,将其分割成一些影像块,并将其作为纹理流加载到三维的绘制环境中。为了能够在 GPU 上运行对应的图像处理算法,需要将算法修改为一系列能在 GPU 上运行的代码片段。②调用三维绘制指令对遥感影像数据进行绘制工作，并调用相应的可以在 GPU 上运行的代码片段进行图像处理。③将处理结果保存到数据库。

GPU 通过数据级、指令级以及任务级的并行方式实现了对遥感影像处理的高效计算，可以将 GPU 计算并行加入到遥感影像数据的并行性影像匹配算法中，实现立体匹配算法的并行处理，从而提高对遥感影像数据的处理效率。遥感影像立体匹配的 GPU 并行处理方法有：SURF 特征匹配的 GPU 并行处理方法、密集遥感图像灰度匹配的 GPU 并行处理方法、多基线匹配的 GPU 并行处理模式与方法。

GPU 可以提高 GIS 对遥感影像空间栅格数据的分析能力，使用 GPU 进行几何计算及数据库的运算服务，使用 GPU 的通用框架实现 GIS 栅格操作，提高空间栅格数据的运算速度并降低成本。

2)应用二：基于 CUDA 的高效并行遥感影像处理

随着遥感空间技术的发展，对遥感影像的分辨率要求变得更高，且遥感影像的数量级别也在不断地上升。卫星遥感影像包含了两种形式图像，且不管是低空间分辨率的多光谱图像，还是 16 位的高空间分辨率的全色图像，都包含了大约几百万个像素，而对每个像素进行处理可能需要几百次操作，系统要达到上亿次每秒的性能才能满足海量遥感数据处理的要求。

遥感影像处理数据量大、计算密度高，每个图像的像素点和局部图像的像素点有关，所以 GPU 并行处理可以基于上述的图像处理特点对遥感影像计算进行加速。CUDA 利用多个 GPU 内核对分割遥感图像后形成的几个小型图像数据进行并行处理，处理一个遥感图像的处理时间就是一个 GPU 处理一块分割后小型图片的时间。

利用 CUDA 进行遥感影像并行化处理过程为：执行串行代码（设备端分配显存空间、拷贝主存图像数据到显存——保存在全局内存或者是映射到纹理内存、将图像数据分配到各个线程块），再执行并行代码（多个线程块共享内存并执行内核函数），最后再执行串行代码（复制图像数据到主存并做相关处理，最后释放占用的资源）。

(1)串行代码部分完成的任务：设备端将 GPU 内存空间分配处理遥感影像数据；然后从主存中复制分配的遥感影像数据到显存设备；把遥感影像数据根据 kernel 函数的配置信息分配到各个线程块；执行完 kernel 函数后，将遥感影像数据从设备 GPU 内存复制到主机上的内存；将处理后的最终影像输出，并释放图像处理中使用的内存资源等。

(2)并行代码部分完成的任务：多个线程块并行处理分配的遥感影像数据，实现遥感影像数据的处理算法，即是 kernel 函数所要实现的功能。

不能直接使用 GPU 对存储在主机内存中的遥感影像数据进行处理，所以必须将需要处理的源遥感影像数据从主机内存复制到设备显卡内存中，将遥感影像数据复制到显卡内存后，将其存储到全局内存或是将其映射到纹理内存。把每个线程块中的遥感影像数据移动到共享内存中，然后在共享内存中执行 kernel 函数，以提高遥感影像的处理效率。

kernel 函数是遥感影像 GPU 并行化计算过程中一个主要组成部分，在 GPU 内直接执行内核，内核编写的优劣直接影响到在内核中并行化处理的遥感影像处理过程的效率。在一个 kernel 函数中执行多个任务，减少使用 kernel 函数，可以有效避免设备显存和主机内存之间的数据重复传输，从而提高遥感影像数据处理的效率。通过解决以下三个问题来设计高效的并行数据处理 kernel 函数：设计合理的并行算法减少不同存储设备间的数据交换；最大使用不同类别的内存带宽，内存读取时数据对齐等；合理设置线程数，保证 GPU 在串行切换时能有效隐藏时延。

在调用完毕 kernel 函数后，需要在主机代码中执行同步函数，实现 CPU 线程和 GPU 线程的同步，保证所有的设备端的线程都已经运行完毕。

3)应用三：基于 GPU 通用计算的遥感数据处理——以计算地表太阳辐射值为例

随着遥感数量的增加，需要花费越来越多的时间处理遥感数据，同样估算并记录地表太阳辐射值也需要花费大量的时间，可以采用基于 CUDA 环境的 GPU 计算来计算地表太阳辐射值。采用 GPU 并行计算可以提高处理数据的效率，且随着数据数量级的增加，使用并行计算处理数据的增长速率的增长效果更明显。GPU 不仅能够协同 CPU 进行图像渲染，也兼具较强的并行计算性能。将采用 GPU 计算处理地表太阳辐射值的并行遥感数据计算框架划分成四个主要的步骤：

(1)数据预处理：将 GPU 计算用于处理遥感影像的栅格数据中每个单元格，且需要将待处理的单元格分配给线程进行处理。为了简化线程分配算法并提高遥感数据计算的效率，需要对二维栅格数据进行预处理，将其降维成为一维数组。通过上述方法，在线程分配时就只需要计算预处理单元格的列号而不需要计算单元格的行号。

(2)将数据从 CPU 传递到 GPU：遥感数据被存放在本地磁盘上，所以需要先将遥感数据读取到 CPU 动态随机读取存储器(dynamic random access memory，DRAM)，然后将数据以流的方式拷贝到 GPU 处理的全局存储器设备上。CPU 和 GPU 的操作是异步的，所以要在主机端配置对 GPU 的监听函数，实时监听 GPU 上传递数据的任务是否完成。

(3)执行内核函数：不同的设备根据其 GPU 遥感数据并行计算的性能，能够创建的线程的数目是不一样的，在执行内核函数之前，必须预先定义数据处理线程块的大小及执行操作所需要的线程数。

(4)将计算结果返回到 CPU:在主机上设置监听函数,其作用是监听 GPU 处理设备是否已经执行完所有分配的任务。如果监听到所有的任务都已经完成,将 GPU 处理设备中的处理数据返回到 CPU DRAM,同时消除 GPU 处理设备在进行地表太阳辐射值计算处理时缓存的数据,确保当 GPU 处理设备再次被主机调用时,能够有足够的空闲内存空间。

3.3.4 基于 MapReduce 的时空大数据处理平台

1. 概念

MapReduce 是 Google 开发的一个基于云计算体系的编程架构,是一种简化大数据集并行计算的分布式编程模式,MapReduce 方便用户将自己的程序运行到分布式系统上。MapReduce 把大规模集群并行计算的过程简化并抽象成两个函数:映射(Map)和规约(Reduce)。Map 函数进行任务的分解,并发的 Reduce 函数进行中间产生结果的综合。

2. 原理

MapReduce 框架将需要处理的海量数据集分解为小规模的数据片段,将片段分配给 Map 任务,然后将 Map 子任务分布到大规模集群并行计算的各节点中。Map 函数将分配的一组键值对映射为一组新的键值对,并将新的键值对作为中间结果进行整合。随后,MapReduce 利用迭代器集合相同的键值对,集合结果为相应的键值对列表(key/list of values pair),并将其作为 Reduce 函数的输入。开始 Reduce 阶段后,MapReduce 将上述产生的键值队列表分配给集群并行计算各节点上的 Reduce 任务,并通过调用 Reduce 函数处理数据。最后,框架合并归约在 Reduce 阶段生成的最终处理结果,形成最后版本的结果集合。MapReduce 模型处理数据的共同点是 MapReduce 会将大规模待处理的数据集分解成几个小型的数据块,并对这些数据块进行并行处理。

MapReduce 隐藏了跨集群调度、故障机器处理、集群节点通信及数据分布等问题的细节。MapReduce 方便程序员在不了解分布式系统和分布式处理的情况下将应用程序发布到大规模集群并行计算平台上,只需要将应用程序使用 MapReduce 函数形式表示,应用程序便可以处理海量的分布式系统资源,并具备了较好的扩展性。

MapReduce 的工作原理如图 3.15 所示。

将整个 MapReduce 中独立节点实体分为客户端节点、JobTracker 节点、TaskTracker 节点及分布式共享文件系统 HDFS。

(1)客户端节点:负责 MapReduce 作业(job)的提交。

(2)JobTracker 节点:负责协调 MapReduce 作业运行,为 Java 应用程序,主类为 JobTracker。

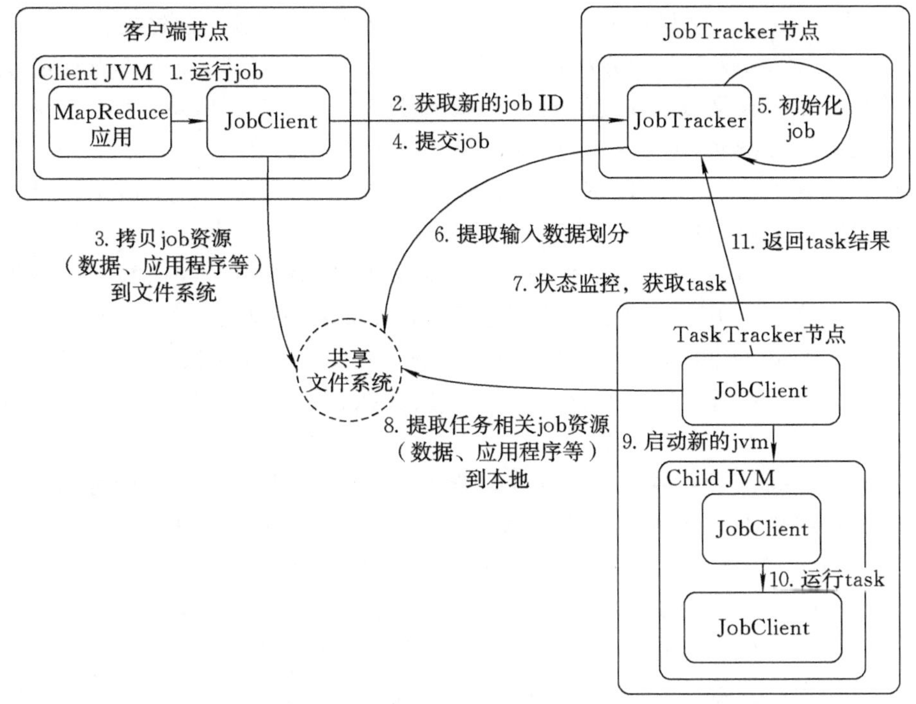

图3.15　MapReduce的工作原理

(3)TaskTracker节点：负责运行MapReduce作业划分后的任务，为Java应用程序，主类是TaskTracker。

(4)分布式共享文件系统HDFS：实现实体间MapReduce作业之间的文件共享。

MapReduce的工作步骤：

(1)MapReduce作业的提交：封装任务和记录信息以跟踪封装任务的状态及进程。分布式共享文件系统中JobClient计算输入的划分信息，作业调度器获取划分信息并为每个划分信息创建对应的划分Map任务，从而建立运行任务队列。作业调度器根据任务数量创建Reduce运行任务并为其指定ID号，Reduce任务数量是使用JobConf中Mapred. Reduce. tasks属性的setNumReduce Tasks ()方法来创建的。

(2)MapReduce作业的初始化：JobTracker接受submitJob ()方法的请求调用，将调度放到一个队列中，随后作业调度器初始化从队列中取出的MapReduce作业。对作业的初始化操作是创建一个运行作业的封装了任务和记录信息的对象，以跟踪Map任务的状态和进程。作业调度器获取划分信息并为每个划分信息创建对应的划分Map任务，从而建立运行任务队列。作业调度器根据任务数量创建Reduce运行任务并为其指定ID号，Reduce任务数量是使用JobConf中

Mapred. Reduce. tasks 属性的 setNumReduce Tasks ()方法来创建的。

(3)MapReduce 作业的分配：TaskTracker 会定期向 JobTracker 发送心跳信息表明自己是否存活或者是是否已经为新的任务做好准备。如果心跳信息表明其已经为任务做好准备，那么 JobTracker 会采用调度算法(如保存 MapReduce 作业的优先级列表算法)选择 MapReduce 作业，然后给 TaskTracker 分配新的 Map 任务，两者通过心跳信息进行信息交互。

(4)任务的执行：①对 Map 任务的执行需要将 HDFS 及分布式缓存上本地化 MapReduce 作业的压缩文件拷贝到存有 TaskTracker 的文件系统上；②新建一个本地的 MapReduce 目录，并将压缩文件解压到该目录下；③为该 Map 任务新建一个 TaskRunner 实例。在这个 MapReduce 任务执行的过程中引进了管道和应用流的概念。

(5)进度和状态的更新：MapReduce 作业作为批处理作业，其运行时间等级跨度可以从秒级到小时级，所以需要了解 MapReduce 作业的进度状态(运行、成功完成、失败等状态信息，Map 和 Reduce 任务的进度，MapReduce 状态信息、描述信息、作业计数器等)。在整个 MapReduce 作业的运行过程中，进度和状态信息不断变化，所以 MapReduce 程序需要在任务的运行过程中，跟踪任务的进度和更新状态。可以使用计数器计数、标志任务进度的状态变化 TJK 表、发送心跳信息、轮询等方法实现。

(6)作业的完成：当 MapReduce 作业完成所有任务后，会发送消息到 JobTracker。JobTracker 接收到这个消息后会设置 MapReduce 作业为成功状态。JobClient 会查询到 MapReduce 任务成功的状态信息，将信息通知用户后，通过 mnJobO 方法将信息返回。如果 JobTracker 也设置了状态成功信息，会发送一个 HTTP 作业通知给客户端。最后 JobTracker 和 TaskTracker 将清空 MapReduce 作业的工作状态情况。

3. 应用

1)应用一：基于 Hadoop 的时空数据存储模型

Hadoop 中的 MapReduce 框架由两类服务调度 TaskTracker 和 JobTracker 构成，其中 JobTracker 是调度和管理 TaskTracker 的主控服务，分配 Map 和 Reduce 任务给空闲的 TaskTracker，并行执行这些任务并进行监控。TaskTracker 是从服务，可以有多个，当其发生故障时，JobTracker 会转移故障从服务，将分配的任务从故障 TaskTracker 转移到其他空闲的 TaskTracker 运行。

Hadoop 框架将时空数据以最小划分单元为元对象存储在时空数据的分布式存储中，建立元对象和组成的时空数据间的映射关系，从而在不缺失地理信息意义的前提下，提高时空数据的读取效率，采取主从 TaskTracker 和 JobTracker 服务器，核心框架如图 3.16 所示。

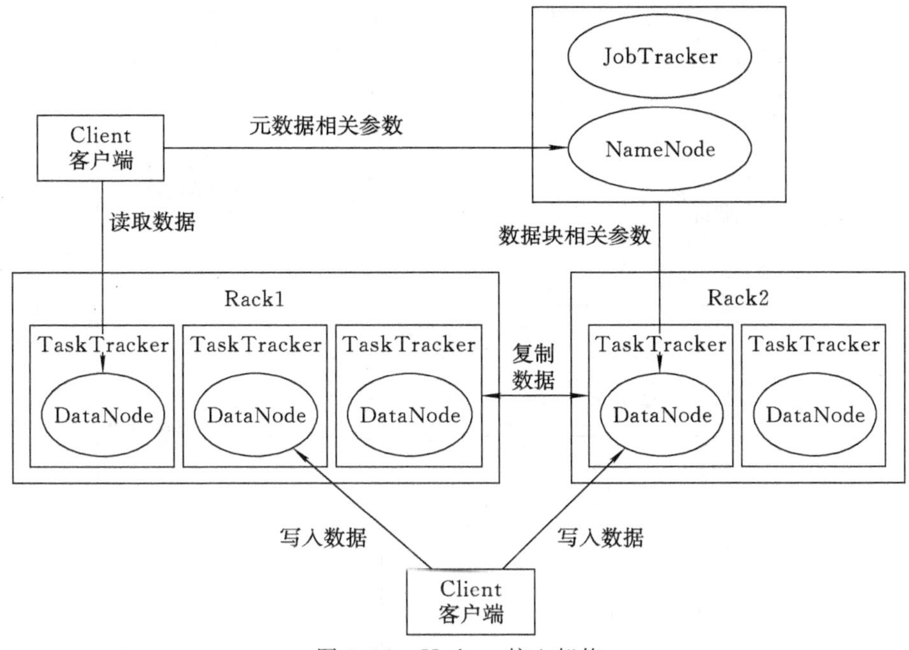

图 3.16　Hadoop 核心架构

核心框架的组成为：HDFS、主控服务 JobTracker、从服务 TaskTracker。

(1)HDFS：NameNode 为主节点，用于管理存储块的复制、集群的配置信息及存储系统的命名空间。DataNode 为从节点，是数据存储的基本单元，支持各 DataNode 之间的数据备份，DataNode 用于存储一些数据块，这些数据块是 HDFS 存储时将数据划分所形成的。NameNode 用于建立数据块和 DataNode 之间的映射关系。客户端读取数据要先通过 NameNode 索引到保存该数据库的 DataNode 后，从 DataNode 获得数据。

(2)主控服务 JobTracker：负责 MapReduce 任务的调度及监控任务的执行和更新信息。

(3)从服务 TaskTracker：执行主控服务 JobTracker 调派的 MapReduce 任务。

MapReduce 模型(为云计算核心技术)实现了 Hadoop 框架，基于 Hadoop 的时空数据存储模型如图 3.17 所示。

基于 Hadoop 的时空数据存储模型的工作流程是：地理信息服务控制集群(geographic information service controller cluster，GISCC)负责接收并应答地理信息服务请求；存储节点集群(spatial-temporal data storage node cluster，STDSNC)负责处理时空对象集(spatial-temporal object set，STOs)的存储获取工作。

时空对象 STO = $\{STO_{id}, M0_1, \cdots, M0_i, \cdots, M0_n\}$ 的存储，首先，会由

NameNode 划分成多个最小存储单元方式的元对象，并将元对象分布存储在多个 DataNode 存储节点上，NameNode 节点构建时空对象 STO 与其构成元对象及其 DataNode 存储节点间的映射关系，即 $STO_{id} \rightarrow (M0_i, ID, DataNode_i)$。

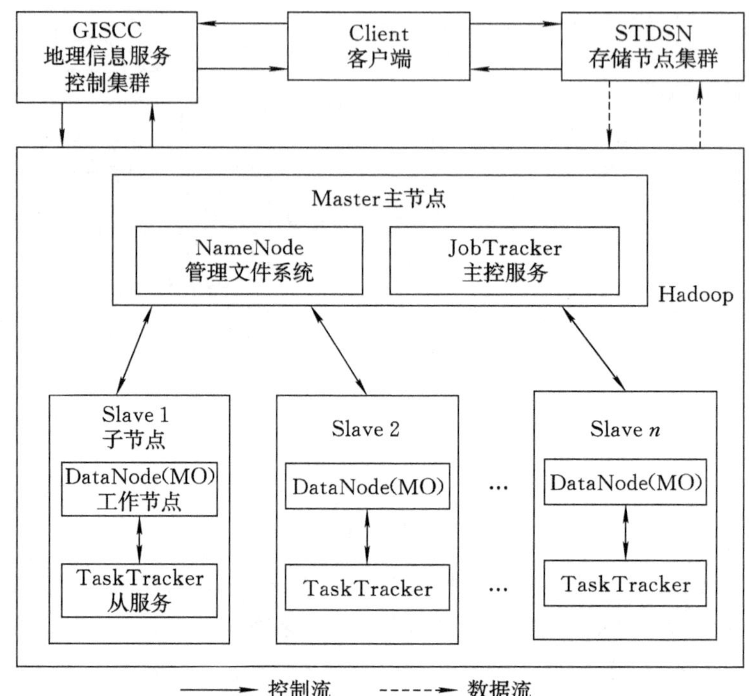

图 3.17 基于 Hadoop 的时空数据存储模型

JobTracker 负责管理和调度其他 DataNode 存储节点上的从服务 TaskTracker，主控服务 JobTracker 可以运行在集群并行系统的每一个节点计算机上，但是从服务 TaskTracker 必须运行在时空对象的元对象的 DataNode 存储节点上以执行 MapReduce 任务。主控服务 JobTracker 将每一个 Map 和 Reduce 任务分布到空闲的从服务 TaskTracker 处理，并行处理元对象或者是时空对象的任务且对其进行监控。TaskTracker 是从服务，可以有多个，当其发生故障时，JobTracker 会转移故障从服务，将分配的任务从故障 TaskTracker 转移到其他空闲的 TaskTracker 运行。

2）应用二：基于 MapReduce 的高分辨率遥感影像特征提取

遥感影像的数量级呈指数级别增长，传统的遥感影像的处理方法已经远远不能满足海量遥感数据的处理，可以使用高性能集群计算的存储能力、吞吐能力和较强的计算能力解决上述问题。下面介绍基于云计算的高分辨率海量遥感图像处理框架下的基于 MapReduce 的遥感影像特征提取。

基于 MapReduce 的高分辨率遥感影像特征提取检测处理的输入数据是小型

的遥感影像数据的集成文件，影像集是将源遥感影像数据组织成为索引和数据的存储结构，从而提高遥感影像数据寻址和读取的速度，处理流程可以支持并行检测和描述多种底层视觉特征，自行按照需求配置描述器和检测器，从而使处理对数据规模有良好的扩展性。处理流程如图3.18所示。

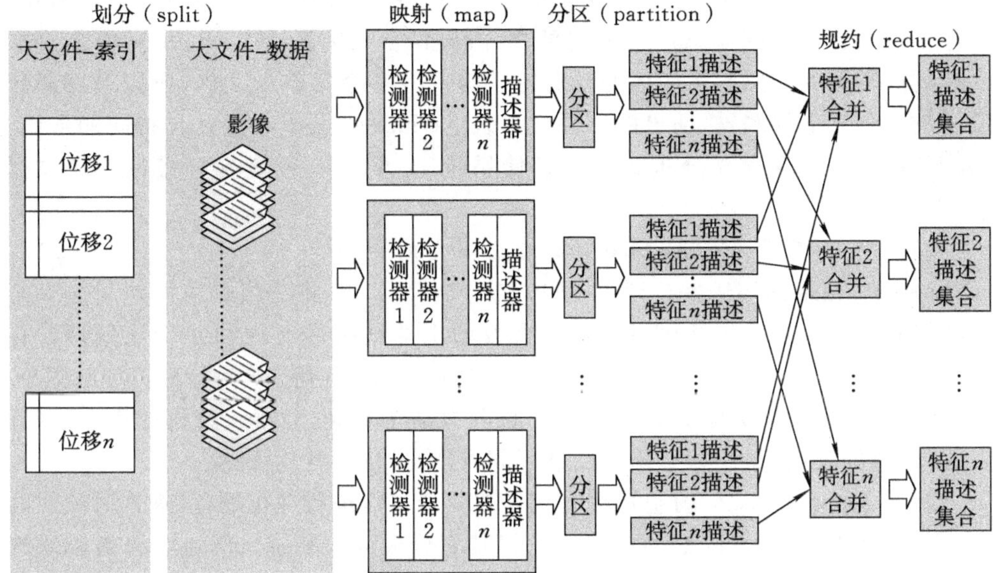

图3.18　基于MapReduce的高分辨率遥感影像特征检测和描述流程

处理流程可以分为四个步骤：

（1）划分(split)：将输入的遥感影像集文件按照一定的标准分割成几个逻辑的数据块(inputSplit)并将其分配到每个Map任务操作。影像数据集大文件(索引和数据)是数据预处理后得到的。Split函数读取影像数据集大文件(索引)来分析影像数据集大文件(数据)中的元数据，并按照一定的标准划分影像数据集大文件(数据)，然后分布给Map任务进行操作。最后，RecordReader函数按划分(inputSplit)读取键值的记录并按照顺序传递到Map函数进行数据输入操作。

（2）映射(map)：是流程中的特征并行检测和描述的关键执行步骤，在Map任务操作内，按照串行的次序对高分辨率遥感影像底层的视觉特征进行检测和描述处理。可以将多台检测器组合起来减少对遥感影像文件集的读取，最后用描述器循环描述检测到的各高分辨率遥感影像底层的视觉特征。

（3）分区(partition)：实际是属于Map映射处理步骤的一部分，根据特征值将Map输出的〈Feature type, Feature〉进行分类，为规约做好数据准备。在每一个Map操作的后面都进行分区操作，即对上述生成的全部〈Feature type, Feature〉进行分区处理，以获得等同于高分辨率遥感影像底层的视觉特征检测器数量的

〈Feature type, Feature〉。最后，在系统的处理后端重组排序经分区处理的 Map 操作输出结果，再将结果传输给 Reduce（规约）进行处理。

（4）规约：是基于 MapReduce 的高分辨率遥感影像特征提取的最后阶段，作用是将各个类型高分辨率遥感影像底层的视觉特征描述进行合并和报错。每个 Reduce 操作被分配到相应的类型排序重组的〈Feature type, Feature〉中，Reduce 操作实例与高分辨率遥感影像底层的视觉特征一一对应，每个 Reduce 将多个接收到的同类型的遥感影像底层的视觉特征合并成一个完整的文件，所以遥感影像底层的视觉特征检测器、输出的文件数目及 Reduce 的操作数量具有相同的数量。操作的最后结果保存在分布式文件存储系统 HDFS 中，或者是直接保存在数据表 HBase 中。

2）应用三：基于 MapReduce 的时空数据查询

MapReduce 适用于并行计算，可以指定 Map 函数，将一组键值对映射成一组新的键值对，用 Reduce 函数将 Map 函数输出的结果进行规约并行化处理。在 MapReduce 中的所有 Map 任务和 Reduce 任务都是并行处理，可以基于 MapReduce 对时空数据查询进行优化，以其框架为基础，对时空数据查询方法（近似查询、范围查询、最近邻查询和反最近邻查询）进行并行化优化。

基于 MapReduce 的时空数据查询是对 n 个节点进行并行处理，查询时先对时空对象数据进行划分，以最小存储单元将其划分成 n 个，那么预处理的初选候选集是

$$M = \bigcup_{i=1}^{n} M_i \tag{3.1}$$

假设 O_{ij} 代表子集 M_i 所包含的时空对象元素，即 $O_{ij} \in M_i$，时间数据并行化查询由两个过程组成：

（1）过滤阶段。Map 函数把 O_{ij} 的时间信息作为主键，将 O_{ij} 作为键值，在时间上对初选的候选集进行筛选，把满足查询设定的时间范围要求的所有候选集对象全部添加到缓存中，在此过程中得到过程数据。

（2）提纯阶段。Reduce 函数接收经过筛选过滤的候选集，根据设定的查询条件再次对候选集进行筛选提纯，输出最终复合设定的查询条件的结果集。

第 4 章　时空大数据库

时空数据是一种结构复杂、多层嵌套的具有空间和时态特性的高维数据，它有效记录了事物的空间位置和时空变化过程，并准确地表达了事物的历史、当前和未来状态，如城市变迁、疾病扩散、环境变化、地质演化、移动对象位置变更等。时空数据库是一个包含了时态数据和空间数据，并能同时处理数据对象的时间和空间属性的数据库。

现有的时空数据主要来源于 GPS、遥感和传感器等设备，以及通过人机交互合作获取的各种类型的数据，每种方式生成的数据格式和数据形式各不相同。主要包含地图（矢量和栅格）、影像数据、移动对象轨迹、社交网络关系、个性化地理信息和传感器数据等。由于时空数据涉及领域广泛，多渠道的数据积累形成海量数据。数据总量较大甚至巨大，通常以 GB、TB 或 PB 为基础单位。数据类型繁多，数以千计，包含结构化、半结构化甚至非结构化数据，且非结构化数据所占份额越来越大。数据产生速度飞快，主要基于手持移动终端、互联网、物联网、车联网等平台产生，因此，整合、清洗、存储和管理不同来源且结构复杂的时空大数据是时空大数据库面临的重要问题。另外，基于“价值密度与数据总量成反比”的规律，如何从价值密度较低的时空大数据中挖掘出有价值的资源对于数据挖掘研究也至关重要。

本章将从时空数据的清洗、时空数据的存储、时空数据的索引和查询几个方面来探讨时空大数据管理中的相关技术。

4.1　时空大数据的清洗

随着信息化社会的迅速发展，时空大数据的数据源以秒、分为间隔采集，且经年累月不间断，数据无限增长，如何在这些海量的数据中更快、更准地挖掘用户感兴趣的信息变得越来越重要。而数据清洗作为数据挖掘的一个重要环节，海量数据的清洗也面临着很大的压力。因为数据量大并不一定意味着数据价值的增加，相反，这往往意味着数据噪声的增多。另外，因为长期积累的数据不可能全部存储在可随机访问的磁盘或内存中。当数据继续不断积累后，必须采用一定的数据粗筛策略，即保留有价值的信息。这个过程通常以应用为导向，需要构建适于实时分析的概要结构、时空聚合和多尺度表达等方法，实现高效的数据筛选和聚合机制，以解决数据冗余及噪声问题。这个过程还需要和数据挖掘相结合，如根据知识,从视频数据中剔除无关人群和车辆,只保留可疑对象,这样可以大大减少数据存储量和分析效率,因此数据挖掘算法又可以反过来应用于数据清洗中,提高清洗准确性。虽然追求高数据质量是对大数据的一项重要要求,如何在保证数据清洗质量的同时,提高数据清洗的效率和速度,是目前信息产业面临的一个重大问题。目前最好的数据清理方法也难以解决以上的这些问题。

本节主要探讨数据清洗的框架、时空数据清洗的常用方法以及数据清洗技术在时空大数据中的应用。

4.1.1 数据清洗框架

数据清洗的目的是检测数据集合中存在的不符合规范的数据,并进行数据修复,提高数据质量,以便更好地应用于数据挖掘、决策支持等领域。除了对数据的检查修复以外,数据清洗还能将数据源中的数据进行抽取和转换,并存储到其他的媒介中。数据清洗可以运用一些清洗算法、制定清洗转换规则,从而为后续的数据应用提供条件。

一般而言,数据清洗框架主要包括:数据预处理及规则导入、数据清洗引擎和数据质量评估三大部分(Galhardas et al., 2001;Raman et al., 2001;Ebaid et al., 2013)

1. 数据预处理及规则导入

数据清洗系统的数据源可以是一个或一组数据库、数据仓库、数据表或其他类型的信息库。数据预处理首先要对这些来源各异的数据进行分析,获取不同来源数据集的特点,预判可能存在的错误类型。其次对于一些表达各异的数据需要进行标准化处理,例如含有不同轨迹数据的数据源获取到的日期信息的格式不同。对数据有效的预处理可以提高后续清洗操作执行的效果。同时,还要收集用户制定的清洗规则,如 ETL 规则、CFDs(FDs)规则、MDs 规则,以及其他定制的规则。

2. 数据清洗引擎

数据清洗引擎主要包括数据检测和数据清洗两大模块。

(1)数据检测模块。根据用户提供的规则,数据检测模块用来检测存在错误的缺失值、异常数据、相似重复记录和逻辑错误,对获得的错误数据信息进行统计并归档。

(2)数据清洗模块。该模块根据算法库或规则库提供的预先定义好的清洗算法和清洗规则来完成对检测出来的错误数据的清洗。同时,用户可以随时调整或更新自定义的算法和规则。在数据清洗时,通常先清洗异常错误,再清洗重复记录,最后清洗缺失值数据。

3. 数据质量评估

数据清洗完成后还需要对清洗后的数据质量进行评估(Wang et al., 2005),

并将结果反馈给用户，数据质量评价指标和方法研究的难点在于数据质量的含义、内容、分类、分级和质量的评价指标等。不同类型的数据（如矢量数据、栅格数据、移动轨迹数据等）评价方法不同，通常用户需要反复地评估和清洗才能满足需求，最后获得数据。

目前的数据清洗框架包括 AJAX、Potter's Wheel 等，其中，基于 AJAX 框架实现了一个可扩展的数据清洗工具。数据清洗系统包括 NADEEF 系统，它是一个可扩展的、通用的、易于部署的数据清理系统。

4.1.2　时空数据清洗常用算法

时空数据往往带有缺失、不一致性和噪声。对时空数据进行清洗时，首先需要对坏数据产生的原因进行分析，然后通过预定义规则或统计推理的方法来对坏数据进行修复或删除，从而提高数据质量。在清洗的过程中会用到统计、数据挖掘的技术。清洗内容主要包括：缺失数据处理、异常数据检测、相似重复对象检测、逻辑错误检测等。下面分别介绍这四种清洗方法。

1. 缺失数据处理

在日常生活中，人们经常碰到数据缺失的情况。例如在利用传感器传输数据时，在某个时间段内由于设备受到干扰无法返回检测数据等。一种简单的方法是忽略含有缺失值的实例，但却可能导致统计分析出现较大偏差，因此这种方法的应用范围非常有限。为了减小偏差，可以考虑替代值填充的方法，它可以通过多种方法实现，如均值填补法使用数据的均值作为替代值。然而，该方法忽略了数据不一致问题，并且没有考虑属性间的关系。通过数据挖掘技术找出属性间存在的关联关系，可以根据相关属性值推断出缺失属性值。例如可以根据传感器上的其他参数推断缺失值。分类技术如贝叶斯网络、神经网络、粗糙集理论等也可用来对缺失值处理。

2. 异常数据检测

时空数据中的噪声，也可以称为异常数据，是指数据库或数据仓库中不符合一般规律的数据对象，又称为孤立点。异常数据可能由执行失误造成，也可能因设备故障而导致结果异常。异常数据中可能蕴含着重要信息，例如判断设备的故障率，因此需要对异常数据进行检测。异常数据的处理可以采用分箱的方法，它利用属性间的相邻性进行数据的平滑化，来识别并且矫正噪声。同时还可以通过统计的方法得到数据分布的特征，如定义一个回归函数来平滑数据，从而识别噪声。聚类方法也可以用于异常数据检测，如将一组数据划分为若干组，遗留在分组之外的数据将作为一种噪声而剔除。在得到异常数据后，由于其可能是错误数据，因此还应结合领域知识和元数据做进一步分析。

3. 相似重复对象检测

信息集成系统在各行业中得到广泛应用，而多个记录代表同一实体的现象经常存在。这些记录可能完全相同，也可能存在某些不同的字段，因而称之为相似重复对象。在信息集成系统中，相似重复记录不仅导致数据冗余，浪费了网络带宽和存储空间，还提供给用户很多相似信息，起到误导作用。常见的相似重复对象检测方法是通过对实例进行排序比较。根据定义的关键码对数据集进行排序，使可匹配的记录在位置上临近。在比较属性字符串值时，将字符串按照一定的方式分割成若干段进行比对，进而判断字符串是否相似，一定程度上能够解决同一对象多种表示形式的问题。此外，为了加速计算，还可利用依赖图的概念计算数据表中的关键属性。根据关键属性值将记录集划分为若干较小的集合，在每个集合中进行相似重复记录检测。

4. 逻辑错误检测

数据逻辑错误指数据集中的属性值与实际值不符，或违背了业务规则或逻辑。在实际信息系统中，根据具体业务来设定特定的逻辑规则具有现实意义。一些常用的规则包括判断是否存在错误的数据类型，数据是否超出其取值范围，属性间的约束关系是否有误等。为了保证正确性，Fellegi 提出了一个严格的形式化模型——Fellegi-Hot 模型。该模型根据相应领域知识制定约束规则，利用数学方法获得规则闭集，并自动判断字段值是否违反规则约束。由于该模型有严密的数学基础，且规则可自动生成，在审计和统计领域得到了广泛应用。另外，还可以使用统计方法进行分析，例如偏差分析、回归方程、正态分布等。

对于不完整数据及重复数据的清洗，现已经有很多成熟的方案达到预期的目标。而错误数据的清洗，由于错误数据的定义不同，会出现不同的错误数据清洗方案，在通用性方面存在较大的劣势，特别是对海量数据的处理上，现在对应的解决方案也相对少。

4.1.3 时空大数据的清洗

随着无线传感设备的普及，例如 GPS 的使用，获取的数据增长速度越来越快。数据的错误率随数据的快速增长也相应增多，但传统清洗方法无法对时空大数据进行有效清洗。主要体现在数据量大且增长速度快，计算能力有限，不能随要清洗的数据量的增长而方便地提升其计算能力。

利用分布式处理平台 Hadoop 可以实现大数据的处理。它利用各个计算节点并行处理来提高运算效率，通过灵活扩展的存储架构可以实现计算存储节点的动态增加或删除。在同一平台下并行处理来源各异的数据，由于不同数据的质量不同，因而对应的清洗规则也不一样，因此，需要调用不同的计算节点按照其对应的清洗规则进行处理，并合并处理后的结果。对于清洗后的异构数据，Hadoop 平台通过统一的数据格式来存储数据文件。Hadoop 平台对时空大数据的清洗主要经历多源异构数据的加载、数据清洗的并行化处理和数据清洗过程(郭逸重,2012),而在数据清洗过程中包含了 4.1.1 节中所描述的三个模块,即数据预处理及规则导入、数据清洗引擎和清洗质量评估。

1. 多源异构数据的加载

Hadoop 可以从任意多的数据源接收任何结构化和非结构化类型的数据。来自多个数据源的数据可以按任何所需的方式进行合并或聚合,放入 Hadoop 文件系统统一管理,使得 Hadoop 平台对应地作为数据源服务器,为下一步的数据清洗做准备。

2. 数据清洗并行化处理

使用 Hadoop 分布式环境来实现集群的存储及计算,其中 HDFS 分布式文件系统实现对数据文件的存储和管理,MapReduce 运行机制实现并行化数据清洗。需要在 Hadoop 环境下设计合理的划分算法,将有依赖的数据划分到相同计算节点,从而实现数据清洗的并行化处理。

3. 数据清洗过程

通过基于 Hadoop 的各种数据清洗算法,对整个数据集进行清洗,最终将清洗后的数据通过接口或其他方式输出。该清洗引擎主要包括三个子功能模块:数据预处理及规则导入、数据清洗引擎和清洗质量评估。

4.2　时空大数据的存储

时空数据本质上是非结构化的数据,不仅包含空间数据,如矢量数据和栅格数据,同时还包括时态数据,如时间点、时间间隔等。对于这一类的数据,首先需要探究它的数据模型。同时,针对大数据的应用,传统时空数据的存储方式使得检索和查询时空数据的时间复杂度非常高,因此学术界和工业界必须研究面向大规模时空数据的新的数据存储管理方式,以应对时空大数据的挑战。

本节将从空间数据(静态数据)和时态数据(动态数据)的角度来探讨时空数据模型、大数据存储模型以及时空大数据的存储架构和存储管理方法。

4.2.1　时空数据模型

目前主要的时空数据模型主要有以下几种:一是在栅格矢量空间模型基础上扩展时间维,如基于栅格的时空数据模型、基于矢量的时空数据模型;二是在时间模型基础上扩展空间维,如基于时间的时空数据模型;三是采用面向对象的方式,如基于对象的时空数据模型。

1. 基于栅格的时空数据模型

序列快照模型(Armstrong et al., 2004)是较早的经典的时空数据模型之一，它由一系列时间切片组成，各个时间片对应的图层展现真实世界在某个时刻的状态。这一系列的图层表明了地理信息的时空演化过程，如需要检索某一时间段的地理信息的变化过程，可以用多个时间片序列来表示。这种模型虽然非常直观，且很容易实现，但该模型只能给出特定时刻地理信息的状态，如果需要确定地理信息中某个空间对象的局部特征变化，则必须经过大量的时间片段的空间对象的像素的比较。另外，该模型需要存储每个状态下的完整的地理信息，即使空间对象在给定时刻未发生变化，也必须存储这些数据，因此造成大量存储资源的浪费。

虽然离散格网单元模型对序列快照模型进行了改进，提出将地理信息划分成格网单元，格网单元及其变化以变长列表形式存储，每个列表的一个元素对应该位置上的一次时空变化，若想获得某时刻状态，只需提取相应时刻各个格网单元列表的元素即可，该模型虽然避免了序列快照模型的数据冗余问题，但由于实现机制与序列快照模型类似，因此仍然没有较大的改进。

2. 基于矢量的时空数据模型

该模型主要包括基图修正模型和时空复合模型(Meng et al., 2003)，其中，基图修正模型的基本思想是基于起始时刻空间对象状态的不断变化，任何后续时刻对象的变化都以增量的形式存储，通过对每次变化的叠加，得到后续时刻对象的状态。该模型可以直接检索对象的变化历史，但对于整体地理信息的查询，给定时刻时空对象间的空间关系较难处理。

时空复合模型将空间分隔成具有相同时空过程的最大的公共时空单元，时空对象的每次变化都将在整个空间内产生一个新的对象。对象把在整个空间内的变化部分作为它的空间属性，变化部分的起始时间和终止时间作为它的时态属性，并用关系表来记录它们。如果对象的空间属性发生改变，可以在关系表中记录该空间对象的终止时间，用新增的元组来反映变化后的空间对象，从而用静态的属性表来表达动态的时空变化过程。

3. 基于时间的时空数据模型

基于时间的时空数据模型(Worboys et al., 2005)可以分为时空立方体模型和基于事件的模型。

时空立方体模型是用一个三维立方体表达时间和空间的模型，它描述了二维空间沿时间维的演变过程。因此，任意时刻空间实体的状态可以用该立方体中的一个二维平面来表达，任何一个空间实体的演变历史都可以用其中的一个立方体来表示，然而，三维信息的难于表达使得该模型还处于研究阶段。

基于事件的时空数据模型是用事件表来记录空间对象的变化过程。其中发生变化的时刻称为事件，时间是通过事件属性表达，因此，空间对象的变化属性记录在同一个事件中，可以表达空间对象与事件间的拓扑关系。

4. 面向对象的时空数据模型

空间对象加上时间信息维构成了一个完整的三维时空对象，然后采用对象的版本机制设计了面向对象时空数据模型，通过将版本信息标记在对象属性上，使对象的当前状态和过去不同时刻的状态相连，支持对象特征的快速提取，为对象的检索和历史事件的查询带来了方便。

4.2.2 大数据存储模型

传统关系型数据库在管理数据时，面临三点问题：首先，扩展性方面较差，不能适应快速增长的数据的存储；其次，强一致性的约束使得在海量数据上的并发查询效率低下；最后，模式变化频繁，对模式的修改可能会影响到已经存在的应用。NoSQL 数据库摒弃了关系模型的约束、弱化了一致性的要求，从而获得水平扩展能力，支持更大规模的数据。

根据数据存储模型的不同，当前 NoSQL 主要可以分为四种：键值模型、列式模型、文档模型和图形模型（陆嘉恒，2013）。

1. 键值存储

键值模型的主要思想来自于数据结构中的哈希表：在哈希表中一个特定的 key 和一个 value 指针，指向特定的数据。因此，只需要存储它的 key 值，并不关心这个数据具体是什么，它可以是二进制块、文本、图片、xml、JSON（JavaScript Object Notation）等。键值模型对于海量数据存储系统来说，最大的优势在于数据模型简单，易于实现，非常适合通过 key 对数据进行查询和修改等操作。但是如果整个海量数据存储系统更侧重于批量数据的查询、更新操作，则键值数据模型在效率上处于明显的劣势。键值模型无法保证写入操作的"一致性"，因此一般不提供事务处理机制。此外，键值存储也不支持特别复杂逻辑的数据操作，如表 4.1 所示。

表 4.1　键值模型

数据模型	key 与 value 间建立键值映射，通常用哈希表实现
应用场景	主要用于处理大量数据的高访问负载
优点	查找迅速
缺点	数据无结构化，通常只被当作字符串或二进制数据
实例	Dynamo、Redis

DynamoDB（Hastorun et al.，2007）是亚马逊的 key-value 模式的存储平台，具有良好的可用性和可扩展性，主要用于亚马逊的购物车及 S3 云存储服务，不支持复杂的查询。它存储的是数据值的原始形式，不解析数据的具体内容。DynamoDB 定义的表中记录拥有单属性简单哈希主键或双属性（Hash key＋

Range key)组合主键。记录内容可包含任意多个属性,属性分单值或多值两种。属性值可以是字符串或数值类型。表没有统一的模式,建表时只需要指定主键的定义,其余各记录都可以拥有自己不同的属性集合。

2. 列式存储

列式模型并不支持类似于多表连接这样的操作,主要适用于类似于"表"这样的传统数据库,它的主要特点就是在存储数据时,主要围绕着"列"而非"行"进行存储。也就是说,在存储数据的时候,同一列的数据会尽最大可能存放在硬盘的同一个页上。这样的好处是对同一列数据进行海量数据分析时,会大量减少硬盘的输入输出操作,进而大大提高处理数据的速度。列族即将多个列并为一个组,大多数列式数据库都支持这个属性。这样做的好处就是能将相似的列存储在一起,以便提高这些列的存储和查询效率。列式存储支持行检索,但这需要从每个列获取匹配的列值,并重新组成行。如表 4.2 所示。

表 4.2 列式模型

数据模型	以列存储,将同一列数据存放在一起
应用场景	分布式文件系统
优点	适合大量的数据而不是小数据,高效的压缩率
缺点	不适合扫描小量数据,不适合随机的更新
实例	Bigtable、Hbase、Cassandra

HBase(Vora.,2011)是一个面向列存储的、分布式的基于 Google BigTable 的开源实现,主要用于解决海量数据的存储及管理。HBase 的数据模型设计没有严格的形态,数据记录的列可以不一致、大小不确定,因此不仅可以存储结构化数据,而且适用于半结构化及非结构化数据。HBase 在半结构化逻辑模型里其数据构成是松耦合的,有利于物理上分散存放。这种特性给 HBase 提供了很强的可扩展性。HBase 的逻辑模型是面向列存储的,其最基本单位是列(column),一列或多列形成一行(row),并由唯一的行键(row key)来确定存储。相反,一个表(table)中有若干行,每列可能有多个版本,每个单元格(cell)可以存储不同的值。HBase 的物理模型按照列族分组,每个列族在硬盘上存储为各自的 HFile 文件。这种物理上的隔离允许在列族底层 HFile 层面上分别进行管理。HBase 的物理模型的设计迫使其放弃了一些关系型数据库具有的特性,如不能实施关系约束且不支持多行事务。

3. 文档存储

文档存储是最接近关系型数据库的存储方式,在传统的数据库中,信息被分割成离散的数据段,而在文档数据库中,文档是处理信息的基本单位。一个文档可以很长、很复杂,可以无结构,它相当于关系数据库中的一条记录。文档存储以封包键值对的方式进行存储,可以对其创建索引,将不同的文档划分成不同的集合,以管理数据。同时，文档存储模型支持嵌套结构。例如，文档存储模型主要是以 JSON 或者类 JSON 格式的文档来进行存储，字段的“值”又可以嵌套存储其他文档。这些是普通的键值数据库无法支持的。

在部分应用中，相对键值数据库，文档数据库的查询效率会更高一些。文档型数据库的主要应用有 MongoDB、CouchDB，如表 4.3 所示。

表 4.3　文档模型

数据模型	与键值模型类似
应用场景	主要适用于动态查询支持，如 Web 应用
优点	查询性能优越
缺点	不支持事务
实例	CouchDB、MongoDB

MongoDB(Chodorow，2010)是一个开源的文档数据库，主要用于满足快速增长的数据存储需求。它不支持数据库中的连接操作和 ACID 特性。每个实体或对象可以映射为一个文档，每个文档匹配要表示的实体或对象的数据字段，每个字段可以是一个具体的值，也可以是一个嵌套的子文档。MongoDB 中以集合为存储单元，一个集合中包含若干个文档。每个文档以 BSON(binary JSON)格式来存储数据，它是 JSON 的一种二进制形式的存储格式。BSON 和 JSON 一样，支持内嵌的文档对象和数组对象，但 BSON 有 JSON 没有的一些数据类型。MongoDB 目前支持的存储引擎为内存映射引擎。当 MongoDB 启动的时候，会将所有的数据文件映射到内存中，然后操作系统会托管所有的磁盘操作。

4．图存储

对于任何基于网络结构的应用而言，如果采用关系数据库来存储网络上的节点和边，并且基于此网络结构进行查询，那么每一次查询操作，势必会导致大量的连接操作，使得查询性能低下。为了解决性能的缺陷，人们提出了图形模型。图形模型主要包含几个构造单元，如节点、边，其中边具有方向和类型。节点与节点之间可以连接多条边，节点和边还可以具有属性。应用图论算法可以对图结构存储数据进行各种复杂的运算。

基于图结构的数据库包括有开源图形数据库 Neo4j 和 GraphDB 等，如表 4.4 所示。

表 4.4　图形模型

数据模型	图结构
应用场景	社交网络、推荐系统、关系图谱
优点	利用图结构相关算法提高性能
缺点	图结构不好切割，很难支持分布式解决方案
实例	Neo4j、GraphDB

Neo4j 是一个嵌入式的、基于磁盘的、具备完全的事务特性的 Java 持久化引擎，它把数据存储在图中而不是表中。存储的数据包括节点、边、节点或边上的属性。在图数据库中，除了对数据的查询，还包括基于图结构的查询，数据访问的局部性使得图数据库不随数据量的增长而导致查询性能的下降。由于所有相关数据通过边相互连接，在查询时可以避免连接操作，从而提高查询效率。由于其采用图结构而不是表来存储数据，其图本身即是一种天然的索引结构。

4.2.3 时空大数据存储框架

在大数据背景下，数据规模已经由 GB 级跨越到 PB 级，当前的时空数据存储方法显然受单机的吞吐性能与扩展能力的限制，无法存储和处理如此规模的数据量，只能依靠大规模集群来对这些数据进行存储和处理。因而需要探究高效的时空大数据存储架构以满足此需求。

探究时空大数据的存储架构首先要选择合适的大数据存储架构，而最经济的选择是对原有架构进行扩展，如采用数据库分片和内存缓存等技术，或者是采用内存数据库，将海量的数据放入内存进行处理。目前最流行的技术是 Hadoop＋MapReduce 的大数据存储和处理框架，其中 Hadoop 的分布式文件处理系统(HDFS)作为大数据存储的框架，分布式计算框架 MapReduce 作为大数据处理的框架。这部分已经在第 3 章中论述。

设计时空大数据存储架构时主要考虑数据量的大小的处理及支持上层查询分析的实时性需求。因此，可以考虑以下的几个技术：

(1)将大数据的处理规模变小的相关技术，如采用数据压缩技术，在 4.2.2 节中探讨的大数据的各种存储模型都可以使得数据的压缩率获得数量级的提升。另外，由于大数据具有稀疏性特点，可以采用稀疏数据结构对大数据进行存储。

(2)使用数据分片技术。目前主流的大数据存储和计算系统通常采用横向(scale out)扩展的方式支持系统可扩展性，即通过增加机器数目来获得水平扩展能力。对于存储处理的海量数据，需要通过数据分片来将数据进行切分并分配到各个机器中去，数据分片后，还需要迅速有效地找到某条记录的存储位置。

(3)数据复制技术。在大数据存储系统中，为了增加系统高可用性，会将同一数据存储多份副本，将数据复制成多份，除了增加存储系统高可用性外，还可以增加读操作的并发性，也会引入数据一致性的问题。

(4)采用 NoSQL 技术，降低精度和一致性的要求。由于 NoSQL 数据库一般采用弱一致性获得高扩展性下的快速响应，以获得最终一致性为目的，是放弃数据库状态的严格一致性。

(5)分布式缓存技术。分布式缓存的引入，一方面大大提升了系统的查询功能，另外一方面也为整个系统提供了一个缓冲层，便于不同节点之间数据的交换，使得分布式系统具有高可扩展性。分布式缓存可以横跨多个服务器，因此可以在大小和处理能力上进行扩展。

根据以上的分析，同时结合时空数据的类型及特点，可以考虑 Hadoop 与 NoSQL 相结合的方法，进行栅格数据、矢量数据和轨迹数据一体化的时空数据组织模型，访问机制和管理策略的设计。因此，时空大数据的存储框架大致可以分成三层(雷德龙 等，2014；陈崇成 等，2013)，如图 4.1 所示。

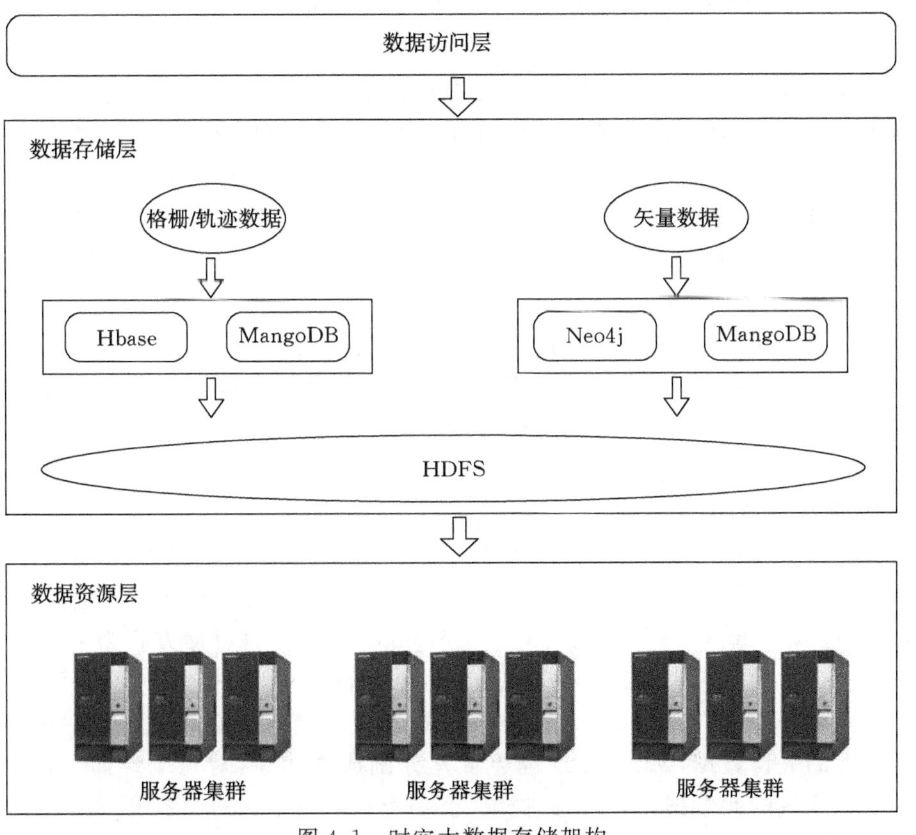

图 4.1　时空大数据存储架构

(1)数据资源层是一个包含各种硬件资源的计算机集群，集群可以使用廉价的普通机器构建，同时可以对其进行横向扩展，使其成为一个动态可扩展的资源池。主要用于向上层提供存储环境和资源。

(2)数据存储层采用 Hadoop 分布式文件系统，整个文件系统采用的是元数据集中管理与数据块分散存储相结合的模式，并通过数据的复制来实现高度容错。并且根据时空数据类型的不同，可以采用不同的数据存储方式。如栅格数据可以存储在 HBase 或 MangoDB 中，而矢量数据可以存放在 MangoDB 或图数据库 Neo4j 中，轨迹数据可以采用 Mango 和 HBase 进行存储。

(3)数据访问层是在存储层之上,用于对数据库进行访问,该层将对 NoSQL 数据库自带的 API 进行封装,为用户提供常用的应用功能,如输入、下载、检索、更新和删除,隐藏了数据存储层内部的复杂处理逻辑。同时,该层应构建兼容各种数据库的中间件,隐藏客户端与不同类型 NoSQL 数据库之间的连接细节。

4.2.4 时空大数据存储管理方法

不同的时空数据类型,其存储管理方法不尽相同。

1. 栅格数据

对于大规模栅格数据的处理,依据其应用需求的不同,存储管理策略和处理方式也不尽相同。例如,根据基于栅格的时空数据模型,可以将栅格数据切分成一系列的时间片,然后再将每个时间片对应的图层划分成多个固定大小的瓦片,并存储在一张稀疏的 HBase 大表中,然后针对每个具有时间属性的瓦片建立其行键数据模型,为了进一步提高数据检索速度,实现低延时地响应多用户并发请求,所有 HBase 表都同时存在于多个子节点内存中。同时,由于客户端访问某个区域内的对象时,也会有很大的概率访问其邻近对象。因此,可以考虑将空间位置上邻近的对象存储在相邻的子节点中,以保证对象邻近性与存储局部性。当客户端访问某区域时,系统将顺序读取该区域内空间位置和时间上连续的邻近对象,减少随机存取操作次数,以加速数据访问效率。

2. 矢量数据

传统矢量型空间数据格式有 Shapefile、TAB、GML、GeoJSON 等类型。将这些格式表示的空间数据存储到 MongoDB 时,必须通过中间件读取矢量数据源文件,并转换为 MongoDB 可读写的对象。MongoDB 的文件存储方式为 GridFS,可看成是一个大的哈希表,当矢量数据被存储到 MongoDB 数据库中,会将每个空间对象转化为一个 JSON 对象,并以键值对的方式存储它的空间属性及时间属性。对于巨大的矢量数据,MongoDB 也会将其分割成许多块,对每个块而言,其头部包含了一些块的元数据,如自己的位置、上一个和下一个块的位置等。如果矢量数据存储到图数据库 Neo4j 中,矢量数据的对象和关系分别对应于图数据的顶点和边。

3. 移动轨迹

移动对象信息的存储是时空数据存储领域的一大难点,需要考虑以下几点。

1)空间位置点存储

使用关系数据库将移动对象在移动过程中采样的每个位置信息依次存储起来,包括 (X,Y) 坐标、运动方向、速度和时间信息等。其特点是存储的数据量很大。不同的移动对象,数据采样频率可能不同,移动对象的位置点信息可以用于对移动对象的位置进行实时显示,也可用于对过去某时间段移动轨迹历史的回放。

2）时间函数存储

通过将移动对象的位置改变抽象成时间函数来存储。这样不仅可以处理与当前位置相关的查询请求，还可以查询移动对象的过去或将来位置。

3）移动轨迹存储

移动对象各个空间位置点的数据组成了一条移动轨迹。为了分析移动轨迹各时间段的情况，可以将移动轨迹分成很多段，分段的依据是移动对象方向的改变或状态的变化，也可以是隔一确定的时间间隔。移动轨迹常作为移动对象查询等的基本单位，且存储的数据量要比空间点位置方法节省很大的存储空间。

4.3　时空大数据的索引和查询

时空数据库中通常管理着两类空间对象：一类是静态的空间对象，如山脉、道路、河流等，这类数据对象并不具有时态的特性；另一类则是移动对象，指随时间的变化位置也在不断变化的物体，对移动时空对象的处理尤其重要，因为这些对象同时具有空间和时态两种特性。另外，时空数据索引的主要目的是对时空数据建立各种索引机制，以便有效地进行数据查询。常用的时空索引包括 B 树索引及其变体、R 树索引及其变体、四叉树索引、网格索引以及 Hash 索引等。但在大数据环境下，由于数据模式随着数据量的不断变化可能会处于不断的变化中，因此对索引的要求是尽可能的简单，同时也要能够实现高效快速地处理规模庞大的海量数据。

4.3.1　时空数据的查询类型

由于时空数据库分别管理着静态的空间对象以及移动对象，因此时空数据库查询可以分为静态对象查询和移动对象轨迹查询两种。

1．静态对象查询

（1）点查询（point query，PQ）（谢昆青 等，2004）：给定一个查询点 P，找出所有包含它的空间对象 O，即 $\mathrm{PQ}(P)=\{O \mid P \in \mathrm{O.G} \neq \Phi\}$，其中 O.G 为对象 O 的几何信息。

（2）范围查询 （range query，RQ）（谢昆青 等，2004）：给定一个查询多边形 P，找出所有与之相交的空间对象 O，即 $\mathrm{RQ}(P)=\{O \mid \mathrm{O.G} \cap P.G \neq \Phi\}$。

（3）最近邻查询（nearest neighbor（NN）query）（Roussopoulos et al.，1995）：给出一个查询点 Q 和一个点集 P，在点集 P 中，找出距离查询点 Q 最近邻 NN(Q)。最近邻的数目可以是一个，也可以是多个，即 kNN(Q) 查询。

（4）反向最近邻查询（reverse nearest neighbor（RNN） query）（Benetis et al.，2002）：给出一个点 Q 和一个点集 P，在点集 P 中，找出所有以点 Q 为最近邻的点 RNN(P)。因此，RNN 查询问题是在给定的数据集中找出谁的最近邻居是给定查询点的问题。

除以上经典的四类查询以外，还有在查询类型上的扩充，包括受约束最近邻查询、连续最近邻查询、范围最近邻查询（郝忠孝，2010）等，且学术界也已经提出了多种进行各种查询的算法，其处理方式相对简单，但对于具有时间特性的移动对象的查询，就相对比较复杂。

2. 移动对象轨迹查询

移动对象的轨迹是历史时空数据，可以指路网中的交通流，也可以表示社交网络中人的行为模式，因此轨迹可以看成对象频繁行为在时间和空间上的描述。

Porkaeq（Tao et al.，2002）等把移动环境中出现的范围查询和最近邻查询分为时空范围查询、时态最近邻查询、空间最近邻查询和时空最近邻查询。以上四种类型的查询都是使用时间和空间两维来表示一个查询。

（1）时空范围查询：用一个空间和一个时间范围一起来表示。例如，检索下午4点到5点（时间范围）事故发生地1 m以内（空间范围）的所有车辆。

（2）时态kNN查询：用一个空间范围和一个在时间值上的最近邻谓词来表示。例如，检索事故发生地100 m以内（空间范围）的前10辆车。

（3）空间kNN查询：用一个时间范围和一个空间维上的kNN谓词表示。例如，检索下午4点到5点（时间范围）距离事故发生地最近的5辆救护车。

（4）时空kNN查询：本应该用时间范围和空间范围两维来表示一个kNN查询，但这种查询是不可能的，因为它包含存在于时间维和空间维之间的一个总的顺序。

Zheng等基于轨迹与其他空间数据对象，即点（P）、区域（R）和轨迹（T）的时空关系将移动对象的轨迹查询分成三种类型（Zheng et al.，2011）：

（1）点查询（P-query）。点查询旨在找到感兴趣的时空点或点集，其满足给定的轨迹片段的时空关系（Chen et al.，2010）。例如，你希望查询所有的加油站，使其到一个给定的轨迹的距离（根据距离度量）在指定的时间间隔内，如上午9:00到9:30小于某个阈值，如100 m。点查询也可能要求在给定一个时空点或点集时查询轨迹片段，例如，你想去查询在一定时间间隔内，如上午9:00到9:30，距离某一个加油站100 m内的所有的轨迹（Frentzos et al.，2007）。

（2）区域查询（region query）。区域查询指给定一个三维的时空区域，希望能找到经过这个区域的轨迹片段。这类查询常用于交通分析和基于路径的服务。另外，区域查询也可以用于查找被轨迹覆盖或频繁通过的时空范围。因为即使对象的轨迹彼此相互独立，但它们仍显示出一些共同的行为，如在给定时间内这些对象的轨迹通过同一个区域（Lee et al.，2007）。例如可以查询一个区域，该区域在上午9:00到9:30被100人通过。

（3）轨迹查询。轨迹查询主要查询在一系列轨迹中相似的轨迹，这类查询可以基于多个移动对象的轨迹和其他特性预测移动对象的运动特征，从而标识路网中的交通流，或标识用户的行为模式(Lee et al., 2007)，例如，找到在未来的 30 分钟内通过相似路径的旅行者。

4.3.2　时空数据的索引

由于时空数据通常是海量的，如果没有建立索引，以上描述的查询必然涉及海量的位置属性计算。为了减小搜索空间，就必须对时空数据建立位置索引。时空数据的索引方法通常借鉴于空间数据索引技术，不同之处在于时空数据索引中有一维必然是时间维。空间数据索引的方法不能直接应用于时空数据，因为它更多考虑的是查询效率，而没有考虑索引的更新代价。但时空数据，尤其是移动对象的位置更新会引起索引结构频繁的动态变化。这将导致更低的查询效率。

目前已提出的时空数据索引结构通常采用以下几种类型(郝忠孝，2010)：

(1)把时间信息加入索引结构，在每个结点中使用时间间隔与空间范围结合。每个索引项都包含 (S, T, P) 形式。S 是空间信息，T 是时态信息，P 是指向子树或对象的指针。随着时间变化，如果对象空间位置不变，则它的空间信息 S 不变，仅对时态信息进行更新。如果对象空间位置发生变化，则需要创建一个新的索引项插入树。

(2)为了表达不同时刻的时空数据的状态，可以采用重叠索引结构。

(3)利用空间索引方法(如 R 树)，将时间看成是时空对象的另一个空间维度信息。这种方法用 $d+1$ 维(d 表示参考空间的维度)的空间数据表示时空对象。如在二维空间中用最小边界矩形(minimum bounding rectangle, MBR)表示空间对象，相应的时空对象则可以用三维空间中的最小边界矩形表示，其中三维 MBR 的底为二维空间 MBR，三维 MBR 的高对应于时空对象的生命期，三维 MBR 的表示方法较适合于表示位置和范围均不随时间发生变化或变化较小的时空对象，而对于那些生命期长或位置变化大的对象，MBR 则会过长或过大。在索引结构中会导致 MBR 集的大量重叠，从而降低查询的效率。现在有些算法可以将过长或过大的时空对象的 MBR 进行优化分裂，并将一个大的时空对象用几个小的时空对象表示，以减小无效空间。

时空数据索引技术按照时空数据表示方式大体可以划分为连续和离散两类(张桂杰，2008)，基于连续数据表示的索引结构通过建立移动对象随时间变化的函数来表示移动对象，它不仅可以查询移动对象过去和当前的位置信息，而且还可以预测移动对象将来的位置和属性信息。基于离散数据表示的索引结构采用离散的抽样时间点数据来表示移动对象的变化过程，它支持对空间对象当前(历史)位置及属性信息的查询。基于离散数据表示的索引结构主要包括 3DR 树(3-dimensional R 树)和 HR 树(Hilbert R 树)等。基于连续数据表示的索引结构主要包括 TPR 树等。

Zheng 等将时空数据索引分成三类(Zheng et al., 2011):第一类使用任何多维存取方法,如参数化的 R 树索引 3DR 树或 STR 树;第二类使用多版本结构,如 HR 树和 MV3R 树;第三类方法将空间划分成网格,然后在每个网格中建立时间索引。

本小节将依次介绍几种常用的时空数据索引。

1)3DR 树

Yannis Theodoridis 等于 1996 年首次提出了 3DR 树(Yannis et al., 1996)的索引思想。3DR 树使用传统的 R 树索引时空数据,将时间当作传统的空间的另一个维度。若在二维空间中,空间对象用 MBR 来表示,相应的时空对象则可用三维空间中的 MBR 来表示,其中三维 MBR 的底为二维空间的 MBR,三维 MBR 的高为时空对象的生命期。在时间间隔 $[t_i, t_j]$ 内位置在 (X_i, Y_i) 的对象可以用三维空间中连接 (X_i, Y_i, t_i) 和 (X_i, Y_i, t_j) 的线段表示,该线段能用 3DR 树索引。其中,$[t_i, t_j]$ 表示了对象的一个生命期,该生命期内对象的空间状态不变。

3DR 树是一种简单的移动对象索引方法,支持空间和时间查询,而且可以直接利用现有的 R 树算法处理空间及时态查询。其优点是消耗的存储空间低,时间间隔查询效率高;而缺点是时间片查询性能较低,索引性能随时间而逐渐降低。

2)STR 树

STR 树(spatio-temporal R-tree)是对 R 树的扩展。其主要设计思想是考虑移动对象的空间属性与轨迹线保护,即通过保持属于相同对象轨迹线的直线分段来保持空间的封闭性和部分轨迹线。STR 树可用来索引移动对象的历史信息与轨迹线信息,其优点是处理基于轨迹线的查询效率高,并且与 R 树相比,它的索引空间大小较小,而且空间利用率较高。

3)HR 树

Nascimento 等于 1998 年提出了 HR 树(Nascimento et al.,1998)的思想。它将时间维独立出来,并保存每一时间戳的空间数据。它是一种双索引结构,分别对时空对象的时间信息和空间信息进行索引,它将时空对象的时间信息按照时间递增顺序组织成有序表,其中,时空对象的时间信息为时空对象不发生空间变化对应的时间片。用 R 树结构对每个时间片的对象建立索引,并将 R 树的存储信息保存到对应时间片的时间索引节点中。相邻时间片的 R 树可能会重叠存储同一个对象。为了节省空间开支,若相邻时间片的 R 树有相同的分支,只保留该分支的一个版本。这种索引结构的查询效率相对较高但空间开销大。

4)MV3R 树

MV3R 树的主要思想是构建两棵树,一棵 MV3R 树用来处理时间片查询,另一棵 3DR 树用来处理时间间隔查询(Tao et al., 2001)。这种树将多版本的 R 树和 3DR 树相结合，用较高的空间存储代价换取很好的时间片和时间窗口查询性能，是目前较为高效实用的移动对象历史轨迹索引方法。

5）TPR 树

TPR 树（time-parameterized R-tree）（Simonas et al.，2000）是对空间索引结构 R* 树的扩充，使之适应移动对象的运动，是一种以时间为参数并且能够存储动态目标的索引结构。该索引使用时间参数化包围框来包含移动对象，其结构与 R 树的 MBR 类似，TPR 树采用一个保守的边界矩形（conservative boundings rectangles，CTPBR），CTPBR 在某一时刻最小，但大多数情况下，它的下限由矩形所包含的移动对象的最小速度决定，上限由矩形包含的移动对象的最大速度决定，这样使得 CTPBR 在一定时间段内的任何时刻都能稳定地包含所有移动对象。这种方法在原始空间索引数据，采用速度矢量将索引结构参数化，使得未来任何时刻的索引结构都能被得出，是一种非常直观的索引技术，适合于对一维、二维、三维空间的数据进行索引，不需要对其进行频繁的索引重建，与目前其他方法相比，其具有较为突出的优越性。很多学者以 TPR 树为基础，从索引结构结点插入、删除算法的效率、时空数据对象生存周期等方面，对 TPR 树进行了一系列扩展。

6）网格索引

网格索引（grid index）（Chakka et al.，2003）是一种典型的基于散列的存取方式，是由包含很多与数据桶相联系的单元网格来实现的。它对目标空间实体集合所在的空间范围划分成一系列的大小相同的格，把空间位置进行网格分化。根据每个实体的空间位置及其所占据的空间范围把实体网格化成不同的部分，每一个格相当于一个数据桶（bucket），都记录着落入该格内的空间实体的编号。

一般一个数据桶为外存上一个磁盘页，每个空间实体单元只对应着一个数据桶，而一个数据桶往往可以包含着几个相邻的空间实体单元。网格是用 d（数据的维数）个 1 维的数组来表示的，这些数组称为刻度。当进行空间查询时，首先计算出用户查询对象所在网格，然后再在该网格中用这些刻度来定位包含要查找的空间实体的单元，假如这个单元不在内存，那么将进行一次输入输出操作，将这个单元从磁盘调入内存。

网格索引是一种多对多的索引，会导致冗余，网格划分得越细，就会造成网格索引表中记录数越多，搜索的精度就越高，当然冗余也越大，耗费的磁盘空间和搜索时间也越长。

7）Hashing

Hashing 是一种基于哈希函数的时空索引方法，它存储的是每个时空对象的桶信息（bucket information）而不是时空对象的精确位置，当且仅当一个对象移入一个新桶时才对其进行修改。因此，Hashing 的优点是更新代价大大减少，而缺点是它仅能处理对时空对象现在位置的查询。

4.3.3 时空数据的查询处理

由于任何一种时空数据，如轨迹数据等，本身是空间对象，因此首先回顾一下传统的空间对象的查询处理步骤。因为计算空间对象之间的空间关系十分消耗资源，因此，一个空间查询处理通常需要进行过滤和精练两个步骤(郝忠孝，2010)。

过滤步骤通常使用相对廉价的计算来寻找一组可能成为结果的候选对象。因为通常利用MBR或外包凸多边形等来近似表示空间对象。因此其候选对象的多少与所采用的空间数据的近似表示方法有紧密的关系，同时也与索引结构本身密切相关。精练步骤是根据每个候选对象的精确集合几何信息和精确的空间位置，从中进一步确定实际查询结果。

因为对静态对象的查询处理已经有大量的研究，本节将以移动轨迹数据作为研究对象，探讨其查询处理方法。

1. 点查询

如果给定一个点或点集，在指定的时间间隔内，找到一组轨迹，它到给定查询点的最短距离低于某个临界值，对于这种查询，可以使用多维索引结构，如3DR树，来索引线段或轨迹的抽样位置，然后通过过滤和精练两个步骤来搜索线段或抽样点。

如果给定一个轨迹，在指定的时间间隔内，查找一个点或点集，它到给定轨迹的距离小于某个阈值，对于此类查询，可以看成连续最近邻搜索(Tao et al., 2002)，即给定一个点集合 p 和一段轨迹上 q，连续最近邻查询从 q 的每一个位置中检索距离 p 的最近邻。经过这样一个查询，输出结果包含 $\langle R, T\rangle$ 一组元组，其中，R 是 p 上一个点，T 是 q 上的一个区间，在区间 T 上，R 是 q 的最近邻。其基本思想是分割轨迹成若干区间，使得被分割的每一段只含有唯一的最近邻。

2. 区域查询

区域查询能检索出属于某个特定时空间隔的轨迹或轨迹片段，这种类型的查询又能被进一步细分为时间戳(time stamp)查询和时间窗(time window)查询。大体来说，时间戳查询能检索到过去某个特定时间点下某个区域内的空间对象，而时间窗查询能检索到某个连续时间段下某个区域内的空间对象。

1)通过多版本R树实现区域查询

对于时间戳查询来说，首先为每个时间戳构建一个R树，然后定位到囊括该时间戳的根结点。之后，同时考虑时间和空间区段，寻找合适的分支。区域查询的过程十分复杂，主要是因为一个结点可能被多个分支共享，这样该结点在检索过程中可能被访问多次，而如果某个结点已经被访问过了，就没有必要再次访问该结点。

避免重复访问的一个方法就是把旧的空间区段存储起来。但是，存储这些信息又会显著降低 R 树的扇出。另外一个方法就是通过广度优先的方式来进行区段查询，即从那些相关逻辑树将访问的根结点开始查询。通过检验这些节点中的实体，决定哪些结点将在下一层中被访问。保存它们的块地址并检查是否重复，而不是立刻就访问这些结点。只有当某一层的结点全部被访问完，下一个结点才能通过已保存的数据(块地址等)被检索到。显然，在这种方法下，重复访问被自然而然地避免了。

2)通过 3DR 树实现区域查询

通过 3DR 树，时间戳和区段查询能被当成是一种立体的查询。时间戳查询就是寻找与平行 x-y 平面的圆相重叠的空间对象，而区段查询就是寻找被一个圆柱包含的空间对象。在这种情况下，传统的空间查询方法就能被运用到此类查询中。

3. 轨迹查询

在给定一段轨迹(称为“查询轨迹”)的情况下，一次轨迹查询能找到满足该轨迹给定距离函数的其他轨迹。要实现轨迹查询，其中一个方法就是将查询轨迹视为多个点的合集(Chen et al., 2010)。

因此，轨迹查询可以定义为给定多个查询点，找到 k 条最接近这些查询点位置分布的轨迹。可以通过采用 kNN 查询算法来单独查找某个查询位置附近的轨迹，并合并结果得到精确的 k 条最接近这些查询点位置分布的轨迹，从而对某一次轨迹查询进行评估。

4.3.4　时空大数据的查询技术

目前对于时空大数据的查询，首先仍然依赖于所建立的索引结构，但是对于大数据，尤其是 TB 级别以上的大数据，索引的建立尽可能的简单，因为建立复杂的索引会导致索引的更新异常的复杂和耗时，反而会影响查询的效率。一般而言，可以采用网格索引和哈希索引相结合的方式为大数据建立索引。例如，谷歌地图就采用了将世界地图划分成网格的方式来进行索引。

另外，正如 4.3.3 节所述，时空数据的查询会经历过滤和精练两个步骤，由于处理的数据量过于庞大，过滤步骤中对空间对象的表达不太精确，因此，只能采用简单的算法对大的相对低质量数据集进行处理，因为数据的充沛可以弥补简单算法的缺陷，同样，简单算法使得对大规模数据的处理成为可能。算法组合是提升数据分析精度的重要方法，对很多 O(N2)的简单算法组合，整体复杂度比 O(N3)的单个复杂算法低。

如果数据量达到了 PB 级，采用 Hadoop 技术成为可能，但是对于支持空间数据而言，Hadoop 存在着先天的不足，它的核心框架并不能很好地支持空间数据的特性。现有基于 Hadoop 地理空间数据主要集中在特定的数据类型和数据操作等方面，如根据轨迹进行范围查询等。而且对空间数据操作的效率也受 Hadoop 内在因素的限制。

Spatial Hadoop(Eldawy et al., 2013)是基于 Hadoop 所有层都嵌入了的空间结构,包括语言层、存储层、MapReduce 层以及业务层。在语言层,提供了一种简单高级语言用于空间数据分析,即使非技术人员也可以进行操作。在存储层,提供了一个两级空间索引机制,即节点之间分区数据的全局索引和每个节点组织数据的局部索引。通过这样的索引机制建立了网格索引、R 树和 R+树索引。在 MapReduce 层,嵌入了两个新的空间组件,通过该组件可以获取索引文件,即 SaptialFileSplitter 和 SpatialRecordReader。SaptialFileSplitter 通过修剪分区来利用全局索引,但不会导致生成查询结果;而 SpatialRecordReader 利用局部索引来获得每个分区内有效的访问记录。在业务层,提供了一系列空间操作(范围查询、kNN 查询和空间连接),实现了在 MapReduce 层应用索引和新的空间组件。其他的空间操作也可以通过同样的方式嵌入到该平台中。

图 4.2 为 SpatialHadoop 系统框架。SpatialHadoop 集群主要包括一个主节点,用来接收用户的查询,并将其分割为更小的任务,并通过多个从节点类执行这些任务。

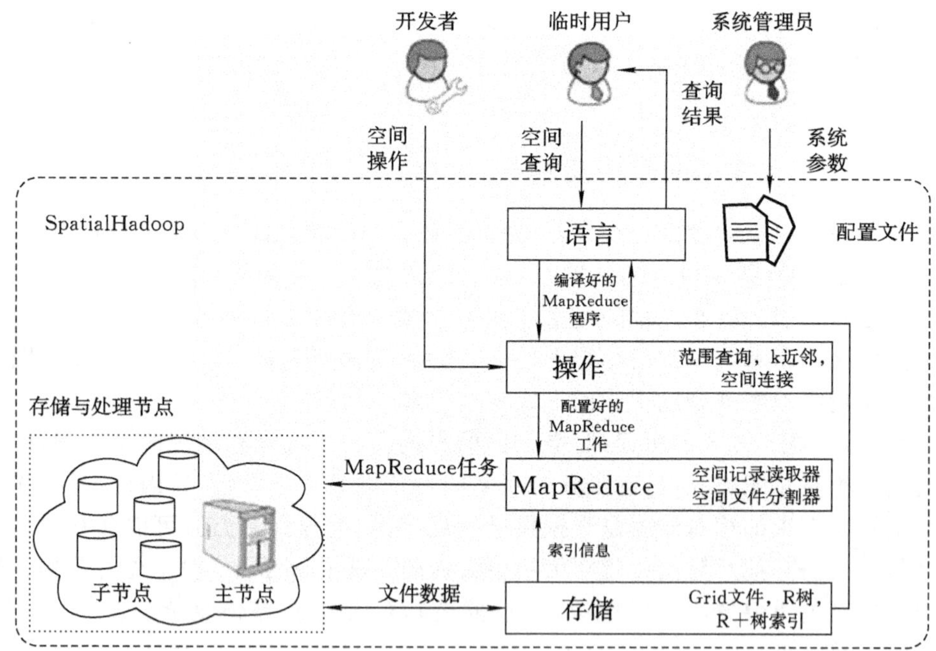

图 4.2 SpatialHadoop 架构

第5章　时空大数据分析方法

大数据分析方法上的挑战主要来自其具有的4V特点，即数据量大(volume)、种类多样(variety)、增长速度快(velocity)、价值密度低(value)。单纯的数据量大可以通过对计算机系统的扩展加以应对，如采用基于集群的分布式存储与并行计算体系结构和硬件平台，可以在一定程度上缓解数据量大带来的挑战。但是数据类型多样，特别是其中非结构化数据的快速处理问题，是大数据分析的重大挑战。很难依靠某一种或少数几种方法就能解决所有的大数据分析问题，需要针对不同类型数据的特点，研究相应的分析技术。

时空大数据也具有上述的4V特点，但由于其同时具有时空坐标，数据结构更为复杂，分析起来难度也更高。但对时空大数据而言，其中的某些V，是空间信息领域长期研究的课题。以volume为例，长期以来，GIS中就在研究海量空间数据的存储和分析，并取得了大量的成果。另一方面，近年来出现了许多新型空间大数据，如地理社交网络数据、轨迹数据等，他们具有不同于传统空间数据的特征，也促生了许多新的处理技术和方法。考虑到本书篇幅，在此只选择几种有代表性的新型空间大数据，包括地理社交网络、轨迹、VGI数据，按照数据类型分别介绍其分析技术。

5.1　地理社交网络分析

5.1.1　社交媒体与地理社交网络

社交媒体网站的兴起是近年来的一个引人注目的现象。所谓社会媒体网站是一类网民自发创作、分享、评价、讨论信息内容的网络平台。主要包含博客和微博(如谷歌博客(Blogger)、WordPress、推特、汤博乐(Tumblr)、新浪微博等)、社交媒体服务(如脸书、谷歌＋、领英(LinkedIn)、人人、微信等)、多媒体内容共享服务(如Flickr、YouTube等)。由于社会媒体网站具有参与、公开、对话的Web 2.0特性，吸引了越来越多的人参与其中，深刻影响了社会生活。

社交媒体数据是一类典型的大数据。据统计，截至2012年3月，推特共有1.4亿活跃用户，每天发表约3.4亿条推文，而脸书每天都数据量甚至超过了500 TB。这些数据中包含关于现实世界丰富的信息，引起了学界的广泛兴趣，带动了社会网络分析技术的蓬勃发展。

其中，由于微博具有受众广泛、实时性强、开放程度高等特点，引起了研究者的特别关注。一系列的研究表明，分析微博信息可能是分析预测真实世界的有效途径，通过对网络内容的分析，可以预测从疾病传播，到总统选举、商业销售甚至股票市场波动在内的一系列社会经济现象（Mao et al., 2011）。

社交媒体上包含有丰富的地理信息。特别是伴随着移动终端和基于位置服务（local based service，LBS）的兴起，签到、地理标签照片等地理信息增长十分迅速，带动了相关分析技术的迅速发展。由于社交媒体上的信息不仅具有内容特征，而且还带有用户的社交网络特征，可以从内容和网络特征两个角度来进行分析。下面将分别从这两方面进行介绍。

5.1.2 地理信息内容分析

1. 社交媒体上的地理信息

社交媒体上的地理信息，按照内容特点，可以分为以下两类：

(1)结构化地理信息。主要包括兴趣点（point of interest，POI）、签到数据（check-in）、地理标签（geo-tag）等。这类数据往往具有清晰的地理坐标和相关属性，可以非常方便地从数据中抽取出来并分析利用，成为目前研究的主要对象。但是也存在一些明显缺陷，例如：①数据总量较小，数据的覆盖率有限，容易遗漏一些偏僻或者不太引人注意的地点；②往往以“数据点＋名称”的形式记录地点特征，对其描述往往也很简单，不能充分反映该地点的特点；③很多位置信息是用户移动终端产生的，受环境因素或者人为因素的干扰，容易存在误差。

(2)非结构化地理信息。主要是博客、微博等内容中的地理信息。这类信息往往不是精确的地理坐标或者完整的地址，而是以简称、俗称等形式存在的地名，因此提取比较困难，目前的开发利用还比较少。这类信息内容比较丰富，而且往往具有比结构化地理信息更为丰富的上下文信息，具有较大的开发利用潜力。

2. 地理信息抽取

要分析利用社交媒体上的地理信息，首先必须将其从网络内容中抽取出来。目前，从微博中抽取地理信息的方法主要基于地名辞典（gazetteer）、概率语言模型和用户社会关系（Cheng et al., 2010）。其中，建立地名辞典是抽取地理信息的最常用和基础手段。

对于中文内容而言，由于中文的词与词之间没有明显的符号加以区分，在抽取地名时必须使用分词程序对中文句子进行处理。目前中文分词方法都是借助中文词典库，分词时根据词典进行匹配，达到分词目的。

从页面提取的地名可能存在 geo/non-geo 和 geo/geo 歧义。当某些地名也包含非地理意义时，就会发生 geo/non-geo 歧义，例如，当有人提到“武汉大学”时，他可能并不是指“武汉大学”这个地方，而是指“武汉大学”的教学科研情况。当不同的地方有相同的名字时，则会发生 geo/geo 歧义。解决 geo/non-geo 歧义，可以利用一些特殊规则或自然语言处理技术标注出当前关键词在句子中所充当的成分与词性；而 geo/geo 的消歧主要是利用局部或全局的上下文信息（Volz et al., 2007）。

3. 文本特征提取

在内容分析中常常需要结合一定的上下文信息，为此必须提取相应的文本特征。词频-逆向文件频率（term frequency-inverse document frequency，TF-IDF）是一种常用于信息检索、文本挖掘领域的文本特征，用来评估某一词语对于一个文档的重要程度。TF 表示词条在文档 d 中出现的频率。

$$TF = \frac{\text{某个词在文章中的出现次数}}{\text{文章的总词数}} \tag{5.1}$$

IDF 是一个词语普遍重要性的度量。某一特定词语的 IDF，可以由总文件数目除以包含该词语之文件的数目，再将得到的商取对数得到。

$$IDF = \log\left(\frac{\text{语料库的文档总数}}{\text{包含该词的文档数} + 1}\right) \tag{5.2}$$

如果一个词越常见，那么分母就越大，逆文档频率就越小越接近 0。分母之所以要加 1，是为了避免分母为 0（即所有文档都不包含该词）。IDF 的主要思想是：如果包含词条的文档越少，IDF 越大，则说明该词条具有很好的类别区分能力。

某一特定文件内的高词语频率，以及该词语在整个文件集合中的低文件频率，可以产生出高权重的 TF-IDF。因此，TF-IDF 倾向于过滤掉常见的词语，保留重要的词语。通过运用 TF-IDF，可以计算某个关键字在文档里面的重要性，因而识别该文档的主要含义，捕捉该内容的文本特征。

在实际工作中，由于文档集合所包含的词汇量比较大，往往几万条微博文本就包含数万个汉语词汇，导致 TF-IDF 的特征维度暴增，不利于后续的分析。因此还需要对预处理后的文档集进行数据降维，得到维度较低的特征。常见的特征降维方法有互信息、信息增益、χ^2 统计量、期望交叉熵、文本证据权等。它们的基本思想都是使用某种评价函数对每个特征词的重要性进行打分，然后按照分值从高到低排序，取分值较大的部分特征词作为筛选后的特征集合。

由于 TF-IDF 方法忽略了文档内部与文档间的统计特征，更不能解决同义词与多义词问题，近年来通过引入主题的概念来关联词与文档之间隐含的潜在语义关联，即主题模型，成为近年广泛被使用在文本特征分析中的一种模型。其中隐含狄利克雷分布（latent Dirichlet allocation，LDA）是最有代表性的算法。在典型的 LDA 模型中一个文档通常用单词的集合来表示，而每个单词可以属于一个或者多个隐含主题，通常用概率表示，因此每个文档能通过其中包含的单词所属于各主题的概率而得到文档与主题的关联概率。通过对文本集合建立 LDA 模型，可以得到文档的主题分布与不同主题下词的分布，较之单纯的关键词组合更能反映文档的文本特征。

4. 文本聚类

对于获取到的大量地理信息及相关上下文信息，常常运用聚类技术获取其集中分布区域或将其划分为不同的群组。聚类是一类非监督分类技术，它以相似性为基础，将数据划分为不同的子集或簇(cluster)，使得各子集内的数据对象之间相似度较高而组间的数据对象相似度较低。常用的聚类分为划分法、层次法、基于密度的方法、基于网格的方法、基于模型的方法等类型。K-means 算法是其中最为常用的聚类算法，经过改造后也能够适应大数据分析。其算法过程可以表述如下：

(1)选择 K 个点作为初始质心。

(2)重复步骤(3)～步骤(5)。

(3)计算每个点与每个聚类中心的距离(相似度)，将每个点指派到最近的聚类，形成 K 个新的聚类。

(4)通过计算新聚类中的所有对象的平均值，重新得到每个聚类新的聚类中心。

(5)直到聚类中心不发生变化或达到最大迭代次数。

K-means 算法实现简单，一般情况下都能获得良好的使用效果，因此应用十分广泛。不过该方法对初始划分依赖较大，一旦初始划分选择不合理，聚类结果就可能变得很差；同时，该算法要求必须事先给定 K 的取值，如何选择合适的 K 值成为影响算法效果的关键。

5.1.3 社交网络分析方法

社会网络是一种由结点组成的社会结构，这些结点通常意义上来讲是个人或者组织，而连接这些结点的则是各种类型的互相依赖关系或者互动。社会网络分析在社会学中很早就被使用，社会网络的概念是由 Barnes 在 1954 年引入的(Barnes, 1954)。随着社交媒体的兴起，社交网络分析技术得到了很大发展。

1. 社会网络定义

图论是社会网络研究的基石之一，很多社会网络概念都是基于图论构建的。

1)社会网络

在图论中，将社会网络定义为一个有向图 $G=(V,E)$。顶点集 V 中的每一个点代表一个行动者。边集 E 中的每一条边 $(u,v)\in E$ 代表行动者之间的关系。

2)度

若 $(u,v)\in E$，则称顶点 u 与顶点 v 邻接，顶点 v 是顶点 u 的一个邻居。顶点 u 的所有的邻居的集合记作 $N(u)$，$|N(u)|$ 称为顶点 u 的度。

若 G 是一个有向图，以顶点 v 为起点的弧数称为 v 的出度；以顶点 v 为终点的弧数称为 v 的入度。

3)距离

网络中两个结点 i 和 j 之间的距离 d_{ij} 定义为连接这两个结点的短程线上的边的条数。网络中任意两个结点之间的距离的最大值称为网络的直径。即

$$D = \max_{i,j} d_{ij} \tag{5.3}$$

网络的平均路径长度 L 定义为任意两个结点之间的距离的平均值,即

$$L = \frac{1}{N(N-1)} \sum_{i \neq j} d_{ij} \tag{5.4}$$

4)聚类系数

聚类系数用来计量一个点与其邻居组成的子图与团(完全子图)的接近程度,反映了该点与周边环境中边的疏密程度。对一个点 v_i 来说,其邻居是如下所示一个点集

$$N_i = \{v_j\} : e_{ij} \vee e_{ji} \in E \tag{5.5}$$

式中,v_i 的聚类系数就是 v_i 的邻居构成的子图中的边的疏密程度,公式为

$$C_i = \frac{|\{e_{jk}\}|}{k_i(k_i - 1)} : v_j, v_k \in N_i, e_{jk} \in E \tag{5.6}$$

式中,$k_i = |N_i|$,$k_i(k_i - 1)$ 是点 v_i 的邻居中理论上存在的边数的最大值。

2. 社会网络模型

社会网络分析常常要借助一定的网络模型,通过观察现实网络模型的统计特征,寻找与其拟合最好的网络模型,借助已知的网络模型特征,加深对现实网络的认识。

常用的基本网络模型主要有随机图模型、小世界模型和无标度网络模型,它们的网络特征有很大差异。

1)随机图模型

在数学中,随机图是指由随机过程产生的图。最早由两位匈牙利数学家 Erdös 和 Rényi 提出(Pál et al., 1959)。按照随机方式将给定的顶点之间连上边就可以生成随机图,不同的随机方式可以产生不同的随机图模型。一个典型的模型是 Erdös 和 Rényi 共同研究的 ER 模型。ER 模型是指在给定 N 个顶点后,规定每两个顶点之间都有概率 p 连起来。

研究发现,p 比图的结点总数 N 对图的性质的影响更大。当 p 值越过某些门槛时,ER 随机图的性质会发生突然的改变。ER 随机图的许多性质会突然涌现。也就是说,当 p 的值小于某个特殊值之前,随机图具有某个性质的可能性等于 0,但当 p 值大于这个特殊值以后,随机图具有这个性质的可能性会突然变成 1。

在一般的随机网络(如 ER 模型)中,大部分的结点的度都集中在某个特殊值附近,呈泊松分布规律。偏离这个特定值的概率呈指数性下降,远大于或远小于这个值的可能都是微乎其微。这一点与后面提到的无标度网络有显著不同。

2)小世界模型

在日常生活中,有时你会发现,某些你觉得与你隔得很“遥远”的人,其实与你“很近”。小世界网络就是对这种现象的数学描述,在这种网络中大部分的结点彼此并不相连,但绝大部分结点之间经过少数几步就可到达。用图论的语言来说,小世界网络就是一个由大量顶点构成的图,其中任意两点之间的平均路径长度比顶点数量小得多。表现在关键指标上就是具有小的平均路径长度和大的图聚类系数特性。

小世界模型首先由 Watts 和 Strogatz 提出(Watts et al., 1998),他们认为现实中的复杂网络是一种介于规则网络和随机网络之间的网络。现实中的规则网络,当其中连接数量接近饱和时,集聚系数很高,平均路径长度也十分短;而随机网络有着很小的平均路径长度,同时集聚系数也很小。可以通过完全的规则网络,以一定的概率将网络中的连接打乱后重连来生成小世界模型,这样生成的模型被称为 WS 模型。后来 Newman 和 Watts 又提出了 NW 模型,通过在规则网络上随机选择一对尚未连接的结点,按照概率 p 产生连接,但不允许两结点之间有多于一条连接,也不允许结点与自身相连,重复上述步骤,也能产生小世界网络。

3)无标度网络

无尺度网络,或称无标度网络(scale-free)的典型特征是在网络中的大部分结点只和很少结点连接,而有极少的结点与非常多的结点连接。现实中的许多网络都带有无尺度的特性,如因特网、社会人际网络等。

1998 年,Barabási 等发现万维网网络并不与一般的随机网络一样,有着均匀的度分布,而是由少数高连接性的页面串联起来的。绝大多数(超过 80%)的网页只有不超过四个超链接,但极少数页面(不到总页面数的万分之一)却拥有极多的链接,超过 1 000 个,有一份文件甚至与超过 200 万个其他页面相连。Barabási 等将其称为“无尺度”网络(Barabási et al., 1999)。

无尺度网络的特性,在于其度分布没有一个特定的平均值指标,而遵守幂律分布(也称为帕累托分布),也就是说,随机抽取一个结点,它的度 d 是自然数 k 的概率 $P(k)\infty k^{-\gamma}$,故又称幂律分布。

为了解释这一现象,Barabási 等提出了 BA 模型,这一模型假定:①网络通过增添新结点而连续扩张;②新结点择优连接到具有大量连接的结点上,从而为无尺度网络找到了一个简单而合理的形成机制。

3. 最短路径

最短路径问题是图论研究中的一个经典算法问题,也是许多网络应用研究的基础。常用的路径算法有 Dijkstra 算法、A* 算法、Bellman-Ford 算法、Floyd-Warshall 算法、Johnson 算法等。

Dijkstra 算法是典型最短路径算法,用于计算一个结点到其他所有结点的最短路径。Dijkstra 算法思想为：设 $G=(V,E)$ 是一个带权有向图，把图中顶点集合 V 分成两组：第一组为已求出最短路径的顶点集合（用 S 表示，初始时 S 中只有一个源点，以后每求得一条最短路径，就将其加入到集合 S 中，直到全部顶点都加入到 S 中，算法就结束）；第二组为其余未确定最短路径的顶点集合（用 U 表示），按最短路径长度的递增次序依次把第二组的顶点加入 S 中。在加入的过程中，总保持从源点 v 到 S 中各顶点的最短路径长度不大于从源点 v 到 U 中任何顶点的最短路径长度。此外，每个顶点对应一个距离，S 中的顶点的距离就是从 v 到此顶点的最短路径长度，U 中的顶点的距离，是从 v 到此顶点只包括 S 中的顶点为中间顶点的当前最短路径长度。算法步骤如下：

(1) 初始时，S 只包含源点，即 $S=\{v\}$，v 的距离为 0。U 包含除 v 外的其他顶点，即 $U=\{$其余顶点$\}$，若 v 与 U 中顶点 u 有边，则 $\langle u,v\rangle$ 正常有权值，若 u 不是 v 的出边邻接点，则 $\langle u,v\rangle$ 权值为 ∞。

(2) 从 U 中选取一个距离 v 最近的顶点 k，把 k 加入 S 中（此处的距离就是 v 到 k 的最短路径长度）。

(3) 以 k 为新考虑的中间点，修改 U 中各顶点的距离；若从源点 v 到顶点 u 的距离（经过顶点 k）比原来距离（不经过顶点 k）短，则修改顶点 u 的距离值，修改后的距离值的顶点 k 的距离加上边上的权。

(4) 重复步骤(2) 和步骤(3) 直到所有顶点都包含在 S 中。

4. 结点排序

社会网络中各个结点是不平等的。对网络中的结点进行排序，并找到其中的重要结点是社会网络分析中的重要内容。

中心度是描述结点重要性的主要指标，通过测量结点在网络中的中心性位置，评价其在网络中的重要性。网络中有多少个结点，就有多少个个体的中心度。除了计算网络中个体的中心度外，还可以计算整个网络的集中趋势（centralization），简称为中心势。与个体中心度刻画的是个体特性不同，网络中心势刻画的是整个网络中各个点的差异性程度，因此一个网络只有一个中心势。常用的中心度主要有三种：点中心度、介数中心度、紧密中心度。

1) 点中心度（point centrality）

对网络点中心度最简单直接的测量就是点的度数，即与其直接相连的点的数目。度数高则说明该点在网络中具有中心位置。由于这类度量仅仅根据与该点直接相连的点数，忽略间接相连的点数，因此也被称为局部中心度（local centrality）。对于有向图而言，有两种点中心度，分别对应点入度和点出度。常用入度表示结点受欢迎的程度，出度表示结点的影响力。

2) 介数中心度（between centrality）

在网络中，如果一个结点处于许多其他两点之间的路径上，可以认为该结点居于重要地位,因为其在结点间起到了中介作用。刻画这种中介作用的指标是介数中心度。介数是网络中通过该结点的最短路径的数量。结点的介数中心度可表示为

$$C_B(v_i) = \sum_{v_s \neq v_i \neq v_t \in V, s<t} \frac{st(v_i)}{st} \tag{5.7}$$

式中,st 表示结点 v_s 与结点 v_t 之间存在的最短路径的总数量,$st(v_i)$ 表示这些最短路径中经过结点 v_i 的路径的数量。介数中心度越高,表明该结点在结点通信中的作用越大。

3)紧密中心度(closeness centrality)

紧密中心度用于评价一个结点到其他结点的紧密程度。计算紧密中心度需要计算一个结点到网络其他所有结点的平均距离 $D_{\text{avg}}(v_i)$

$$D_{\text{avg}}(v_i) = \frac{1}{n-1} \sum_{j \neq 1}^{n} g(v_i, v_j) \tag{5.8}$$

式中,n 表示网络中结点的总数量,$g(v_i, v_j)$ 表示结点 v_i 和 v_j 的最短距离。

紧密中心度则定义为 $D_{\text{avg}}(v_i)$ 的倒数,即

$$C_c(v_i) = \frac{n-1}{\sum_{j \neq 1}^{n} g(v_i, v_j)} \tag{5.9}$$

4)特征向量中心度

在实际工作中,还可以运用 PageRank 和它的改进算法对结点的中心度做出评价。将 PageRank 思想运用到结点中心度评价上就是:如果结点拥有很多重要的邻居,那它也是比较重要的。在实际计算中,一个结点的重要性被视为指向它的所有结点的重要性相加之和,通过一系列基于邻接矩阵的特征向量迭代运算,最终得到各个结点的 PageRank 值,并对各个结点的中心度做出评价。由于这类计算基于结点邻接矩阵的特征向量进行,所以也被称为特征向量中心度。

对于大规模网络,除了点中心度和特征向量中心度,其他中心度计算方法都比较耗时。因此,寻找有效的中心度计算方法,仍然需要深入研究。

5. 网络中的社区发现

许多实际网络都是由若干个群体组成的。这些群体内部的联系紧密,群体之间联系稀疏。社会网络上的群体被称为社区。常用的社区挖掘算法如下。

1)Kernighan-Lin 算法

Kernighan-Lin 算法是一种基于贪婪法原理的算法,其基本思想是引入增益函数 Q,Q 表示两个社团内部的边数之和减去连接两个社团之间的边数,通过迭代优化,使得 Q 最大。算法过程如下:

(1)将网络中的结点随机划分为两个大小已知的社团。

(2)对分别来自两个社团的所有可能的结点对进行比较,计算交换这两个结点后得到的 Q 的增益 ΔQ,选择最大的 ΔQ 交换对应的结点。同时记录交换以后的 Q 值。

(3)重复步骤(2),当网络中的所有结点都被交换过,算法停止。

Kernighan-Lin 算法对社团划分的准确度很高,但缺陷是必须事先知道网络的两个社区大小。这无疑制约了其应用。

2)*谱聚类方法*

谱聚类方法利用网络的拉普拉斯矩阵来发现其中隐藏的社区。一个有 N 个结点的无向图 G 的拉普拉斯矩阵是一个 $N \times N$ 的对称矩阵 $\boldsymbol{L}$。$\boldsymbol{L}$ 对角线上元素 L_{ii} 是结点 i 的度,对于其他元素 L_{ij},如果结点 i 和结点 j 之间有边相连,则 $L_{ij}=-1$,否则 $L_{ij}=0$。可以将矩阵表示为 $\boldsymbol{L}=\boldsymbol{K}-\boldsymbol{A}$,其中 $\boldsymbol{K}$ 是一个对角阵,对角线上的元素就对应各个结点的度,A 表示网络结点之间的连接关系。

在矩阵 $\boldsymbol{L}$ 的非平凡特征值所对应的特征向量的元素中,同一个社区内的结点对应的元素近似相等。据此可以将网络划分为不同的社区。

3)*层次聚类方法*

层次聚类方法可分为分裂式层次聚类和凝聚式层次聚类。

分裂式层次聚类不断移除相似性最低结点之间的边,直到将网络划分为相互独立的社团结构。Newman-Girvan 算法是一种典型的分裂算法,算法主要通过对网络中边的边介数的计算,反复移除边的边介数最大的边,直到每个结点单独为一个社团为止,然后从整个分裂过程中选取模块度最大时的划分,作为最后社团的划分结果,从而实现网络社团的划分。在此算法中,边介数被定义为网络中最低路径经过该边的数量。

与分裂算法相反,凝聚式聚类先通过某种方法,计算网络各结点对之间的相似性,然后找出网络中相似性最高的结点对,后合并相似性最高的结点对,重复上述步骤,最终实现网络社团划分。Newman 快速算法、CNM 算法都是典型的凝聚算法。

6. 社会媒体中的演化

在社会媒体中,网络是高度动态的。随时都会有结点加入或退出网络,会有普通结点演变成中心结点,也会有中心结点被边缘化。研究网络演化一个简单方法就是对网络取一系列快照,然后运用聚类技术对比分析网络变化。由于聚类算法是独立应用于每个快照,所以被称为独立聚类方法。通过对比不同快照上的网络社区变化,可以发现与网络变化相关的事件:增长(growth)、收缩(contraction)、合并(merging)、分裂(splitting)、新生(birth)、消亡(death),如图 5.1 所示。

在某些算法下,结点处理顺序、网络连接、算法初始值等的细微变动都可能导致最后生成的社区结构显著不同,给不同快照间的比较带来困难。为此独立聚类方法时，必须选择鲁棒性好的方法来抽取社区结构，如团过滤(clique percolation)、自然社区(natural communities)等。

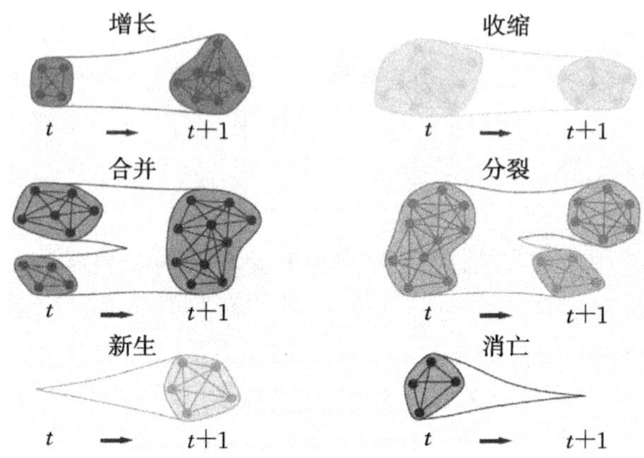

图 5.1 社区进化中的事件(Palla et al., 2007)

演化聚类(Chakrabarti et al., 2006)是另一种动态网络分析方法。它假设网络结构在连续的时间戳上不会发生太大的变化，通过一系列网络快照发现平滑的社区序列。这种时间平滑方法有助于克服网络噪声或算法中的随机问题，但不利于捕捉网络的突变。对此，基于片段(segment)的算法将演化过程视为若干个片段，片段之间网络结构发生了较大变化，而在片段之中不同的快照之间网络结构则保持稳定，如 GraphScope 算法(Sun et al., 2007)。

动态网络分析技术是一种很新的技术，还有大量有待解决的问题。如采用网络快照自身的时间跨度和时间间隔不同就可能产生完全不同的演化模式。还需要进一步的研究。

5.2 轨迹分析

随着手机、GPS、智能公交卡等泛在传感器的大量使用，携带用户个人信息与时空轨迹信息的数据越来越多，通过分析这类轨迹数据特征，有助于深入认识人类活动规律，并以此为基础研究改进城市交通、优化公共设施布局。

5.2.1 轨迹数据

轨迹数据是对移动对象的运动过程采样得到的数据。轨迹(trajectory)可看成由多维度的位置点(location)按照时间顺序组成的一个序列：$TR_i=\{P_1, P_2, \cdots, P_m\}(1\leqslant i\leqslant n)$，$P_j(1\leqslant j\leqslant m)$ 表示为〈Location$j$，T_j〉，是轨迹中的一个点，表示在 T_j 时刻采样到运动物体位置为 Location$j$，其中 Location$j$ 是一个多维度的位置点。TR_i 的轨迹片段或子轨迹 $Pc_1, Pc_2, \cdots, Pc_i(1\leqslant c_1<c_2<\cdots<$

$c_i \leqslant m$)，记作 Trajectory Segment(TS)，$TS_i = \{L_{i1}, L_{i2}, \cdots, L_{in}\}$。

根据采样方式的不同,轨迹数据可分为以下三类:

(1)基于时间采样的轨迹数据。即按等时间间隔对移动对象进行采样形成的轨迹,例如车载导航数据就是通过定时与卫星通信来获取车辆位置。这类数据量大、覆盖范围广,但其中经常有冗余和数据遗漏。

(2)基于位置采样的轨迹数据。即移动对象位置发生变化即被记录而形成的轨迹,例如居民出行调查数据。这类数据属性信息丰富,但主要依靠人工收集,数据量小,整理工作量大,更新周期长。

(3)基于事件触发的轨迹数据,即移动对象触发传感器事件后而被记录下来形成的轨迹,例如手机基站记录、公交卡刷卡记录等。基于事件触发采样的轨迹数据具有数据量大、覆盖范围广,但分辨率不高,无法勾勒移动对象详尽的轨迹信息。

5.2.2　轨迹数据预处理

受到采样精度、信号干扰等因素的影响,采样获取到的轨迹数据往往存在位置误差;矢量地图的创建和数字化的过程中,也存在不同程度的误差。定位系统的误差和交通地理信息系统同时存在的误差导致轨迹数据与交通路网的不匹配。为此需要将轨迹"映射"到路网中,即找到轨迹数据中每个轨迹点在被记录下来时所在的真实路段,这就是通常所说的地图匹配问题。

出于国家安全的原因,我国所有公开发行的地图和导航仪接收端都进行了加偏处理。由于不同的地图和导航仪接收端加偏移的算法不同,简单地将轨迹数据叠加在路网数据上会导致很大的偏移。一般情况下,将二者转换为相同的坐标系统,例如将轨迹数据中常用的 WGS-84、GCJ-02、BD-09 等坐标系转换为路网数据常用的 1980 西安坐标系、1954 北京坐标系等坐标系统就能解决这一问题。

导航设备定位误差和数据传输时的错误,也会导致轨迹数据中的记录与实际地理位置存在偏差。为此,可以基于距离和角度的相似性,为轨迹片段找到最为匹配的路段。但在密集的城市路网中,车辆轨迹数据即使采用较短的采样间隔,两个采样点之间可能有多种不同的路径选择方式。为此必须结合轨迹点的前后位置信息、相互影响、道路状况等判断最可能的路径。

由于轨迹数据量往往十分庞大,在密集的城市道路网中采用全遍历的方式处理道路段匹配,需要进行大量的数据遍历操作,耗时多,效率低下。为此可以采用区域分割对城市地图进行分块,在不同的分块中进行道路的遍历和匹配,以达到提高运算效率的目的。

由于车载 GPS 数据基于时间采样,在车辆状态没有发生变化时也会收集数据造成数据冗余,同时在传输过程中又往往因为接收不到信号而造成数据遗漏。为此在匹配好地图后需要基于道路删除冗余的轨迹结点,同时还需要根据道路结点为其补充遗漏的结点和片段。

5.2.3 兴趣点分析

在挖掘用户兴趣点时，可以根据移动对象停留时间，也可以根据其访问频率。通过设定合适阈值，即可从用户活动记录中提取用户感兴趣的地点。考虑到设备的定位误差，在实际工作中常结合密度聚类算法，如 DBSCAN 算法。

DBSCAN 算法需要两个参数：扫描半径（eps）和最小包含点数（minPts）。算法任选一个未被访问（unvisited）的点，找出与其距离在 eps 之内的所有附近点。如果附近点的数量大于等于 minPts，则当前点与其附近点形成一个簇，并且出发点被标记为已访问（visited）；如果附近点的数量小于 minPts，则该点暂时被标记为噪声点；然后每个簇以自己的核心对象为中心不断把到自己直接密度可达的对象吸收进来，该迭代过程反复进行，直到已有的簇不再增长且没有新簇出现为止。迭代过程中可能会有某些簇因重复而消亡。DBSCAN 算法描述如下。

输入：包含 n 个对象的数据库，半径 eps，最少数目 minPts；

输出：所有生成的簇，达到密度要求。

（1）从数据库中抽出一个未处理的点。

（2）如果抽出的点是核心点，那么找出所有从该点密度可达的对象，形成一个簇。否则，抽出的点是边缘点（非核心对象），跳出本次循环，寻找下一个点。

（3）直到所有的点都被处理。

DBSCAN 的聚类结果与数据的输入顺序无关，设置恰当的 eps 和 minPts 可以找出任意形状的簇且能够辨别出数据集中的噪声数据，因此得到了广泛的应用。

5.2.4 轨迹聚类

相似性度量是一切聚类方法的基础。轨迹数据是移动对象的时空记录序列，其相似性度量也与一般数据有所不同，可以根据相似性度量的不同将轨迹聚类方法划分为不同的类型（龚玺 等，2011）。常用的轨迹聚类相似度量如下。

1. 轨迹间欧氏距离

轨迹间欧氏距离和点与点的欧氏距离有所不同。它首先将轨迹用相同维度的坐标向量表示，然后计算每一个时刻上对应两点的欧氏距离，再对这些距离进行综合（如求和，求平均值、最大值或者最小值），就可以得到轨迹间欧氏距离。式（5.10）是二维空间中，以求和方式综合的轨迹间欧氏距离公式。

$$Eu(R,S)=\sum_{i=1}^{n} dist(r_i,s_i) \tag{5.10}$$

式中，$dist(r_i,s_i)=\sqrt{(r_{i,x}-s_{i,x})^2+(r_{i,y}-s_{i,y})^2}$，$R$、$S$ 分别表示两条轨迹，记录点数均为 n；$Eu(R,S)$ 为轨迹 R、S 间的欧氏距离；r_i、s_i 分别表示轨迹 R、S 上第

i 个记录点；$r_{i,x}$、$r_{i,y}$、$s_{i,x}$、$s_{i,y}$ 分别表示记录点 r_i、s_i 的 x 坐标和 y 坐标；$dist(r_i, s_i)$ 表示记录点 r_i 和 s_i 间的欧氏距离。

欧氏距离简单直观，但是如果数据中存在噪声，则会对结果造成比较大的影响。而且现实中由于采样设备的误差，不可能做到每个位置的时间点都相同。因此，若用欧氏距离度量轨迹的相似性必须对数据进行预处理，如降噪、插值等。

2. 最小外包矩形距离

该方法可以看作一种简化时空轨迹的方法。它首先将整条轨迹划分成一些相对平滑的轨迹区间，再将每条子轨迹用其最小外包矩形（MBR）表示，这样每条轨迹就变成了一个最小外包矩形的序列，图中虚线矩形框和实线矩形框分别代表虚线轨迹和实线轨迹的最小外包矩形序列，通过比较最小外包矩形序列即可度量时空轨迹间的相似性。由于使用最小外包矩形代替了轨迹区间，这种方法平滑了轨迹的细节，并在一定程度上缓解了噪声的影响。

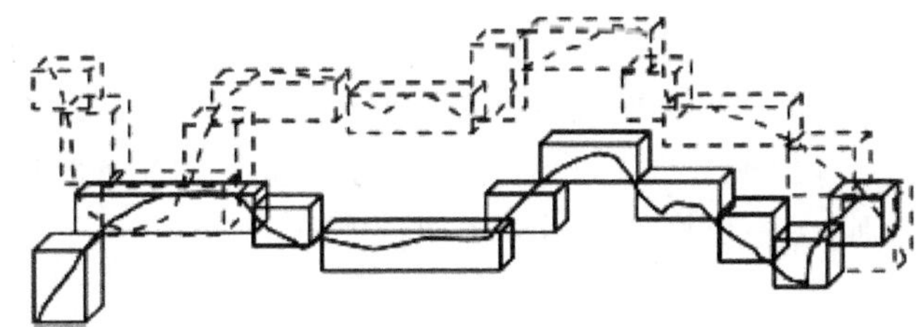

图 5.2　时空轨迹最小外包矩形（Elnekave et al., 2007）

3. 动态时间封装距离

轨迹记录设备的误差，使其不能保证在所有的时刻点上都能捕捉到移动对象的位置，且不同的轨迹不能保证所有的位置点的采集时刻是对应的。这种情况就要求距离度量能够适应时间维度的拉伸。而动态时间封装（dynamic time warping，DTW）距离就能满足距离计算时的时间维度伸缩，计算公式为

$$DTW(R,S)=\begin{cases}0 & \text{当 } m=n=0\\ \infty & \text{当 } m=0 \text{ 或 } n=0\\ dist(r_1,s_1)+\min\begin{Bmatrix}DTW(Rest(R),Rest(S))\\ DTW(Rest(R),S)\\ DTW(R,Rest(S))\end{Bmatrix} & \text{其他}\end{cases} \tag{5.11}$$

式中，$DTW(R,S)$ 表示时空轨迹 R 与 S 间的 DTW 距离，m 和 n 分别代表时空轨迹 R 与 S 的记录点个数；$dist(r_i, s_i)$ 表示两个记录点 R 和 S 之间的欧氏距离；$Rest(R)$ 和 $Rest(S)$ 分别表示轨迹 R 与 S 去掉第一个记录点所得的轨迹区间。从式(5.11) 中可得，当两条轨迹长度都为 0 时，动态时间封装距离也为 0；当两条轨迹中有一条的长度为 0 时，动态时间封装距离为无穷大；当两条轨迹的长度都不为

0 时，采用递归的方式求解一个最小的距离。

DTW 方法可较好地发现时间维局部缩放后才相似的时空轨迹，解决了采样率不同和时间尺度不一的问题。但计算 DTW 距离时，轨迹间的记录点映射需要具有连续性，因此对于噪声很敏感。此外，如果两条轨迹在小部分区间内完全不相似，该方法将无法识别。

4. 最长公共子序列距离

最长公共子序列(longest common sub-sequence，LCSS)是指两个或者多个序列中存在的最长的共同子序列。对于时空轨迹来说，计算其最长公共子序列并转化为 LCSS 距离可以衡量轨迹间的相似程度。

$$LCSS(R,S)=\begin{cases}0 & \text{当 } m=n=0\\ LCSS(Rest(R),Rest(S))+1 & \text{当 } |r_{1,x}-s_{1,x}|\leqslant\delta \text{ and } |r_{1,y}-s_{1,y}|\leqslant\varepsilon\\ \max\{LCSS(Rest(R),S),LCSS(R,Rest(S))\} & \text{其他}\end{cases}$$

(5.12)

式中，$LCSS(R,S)$ 表示时空轨迹 R 与 S 间的 LCSS 长度，δ 和 ε 分别表示 x 轴和 y 轴上的相似阈值。当两段轨迹的长度都为 0 时，最长公共子序列长度为 0；当两者的起点在相似范围内时，最长公共子序列长度为除起点外剩下轨迹的最长公共子序列长度加一；否则，在一个轨迹与另一个轨迹的剩下部分中求一个最大的最长公共子序列长度。

LCSS 方法不需要所有的记录点全部匹配，因此不相似的区间会被剔除。此外，因为点与点的距离被概化为 0 和 1，所以即使噪声点参与到 LCSS 的计算中，其影响也会被减弱。

5. 编辑距离

编辑距离(edit distance)是指两个序列(文本或者模式等)进行比较时，若只进行增、删、改操作，一个序列完全变成另一个序列所需最小操作次数，也可以很容易地将其扩展为时空轨迹间的编辑距离，即

$$ED(R,S)=\begin{cases}n & \text{当 } m=0\\ m & \text{当 } n=0\\ ED(Rest(R),Rest(S)) & \text{当 } m,n>0 \text{ 且 } r_1=s_1\\ \min\begin{Bmatrix}ED(Rest(R),Rest(S))+1\\ ED(Rest(R),S)+1\\ ED(R,Rest(S))+1\end{Bmatrix} & \text{其他}\end{cases}$$

(5.13)

式中，$ED(R,S)$ 表示轨迹 R 和 S 的记录点序列$(r_1,\cdots,r_m)$和$(s_1,\cdots,s_n)$间的编辑距离，m 和 n 分别代表时空轨迹 R 与 S 的记录点个数。当其中一条轨迹的点数为 0 时，它们之间的编辑距离就是另一条轨迹的点个数；如果存在相同的起点，则

它们之间的编辑距离就是剩下的轨迹的编辑距离；如果没有相同的起点，则通过递归调用寻找一个较小开销的趋同变化。

6. Fréchet 距离

Fréchet 距离是用来度量曲线相似性的，该方法在度量相似性时，同时考虑了点的位置和它们在曲线上的顺序关系。在计算的过程中逐点扫描两条轨迹上的点，最大的两点间距离即为这两条轨迹的 Fréchet 距离。

$$FD(Tr_i, Tr_j) = \min\{\|C\|, C \text{ 是 } Tr_i \text{ 和 } Tr_j \text{ 之间的耦合}\} \tag{5.14}$$

$$\|C\| = \max_{k=1}^{n} dist(P_k^i, P_k^j) \tag{5.15}$$

式中，$FD(Tr_i, Tr_j)$ 表示轨迹 Tr_i 和 Tr_j 之间的 Fréchet 距离，P_k^i 和 P_k^j 分别表示 Tr_i 和 Tr_j 上的第 k 个点，$dist(P_k^i, P_k^j)$ 表示 P_k^i 和 P_k^j 之间的欧氏距离。

Fréchet 距离可以这样形象地理解：在遛狗过程中，假设狗沿一条轨迹连续运动，它的主人沿另一条轨迹连续运动，人和狗都在各自的路线上不回头的前行且不受彼此限制，所需要的遛狗绳的最短长度就是人和狗走过的曲线的 Fréchet 距离。

其他的轨迹相似性度量方式还有历史最近距离、Hausdorff 距离、网络距离等，受篇幅所限不在此做一一介绍。

不同的相似性度量方式对聚类结果的影响很大，不同的应用对时空轨迹的相似性要求也不同。有些应用只要求发现轨迹中的通用子轨迹，有些应用要求发现某个时间范围的相似性轨迹，有些应用要求发现结构相似的轨迹。因此，在度量时空轨迹的相似性时要根据具体的应用环境选择不同的相似性度量方式。

5.2.5　轨迹模式分析

1. 空间模式

挖掘轨迹数据中的空间模式，通常关注时空路径的形状特征、OD 流模式以及地理环境关系等。

时空路径的形状特征包括轨迹半径、重要结点间距、均方位移等。令 $ph_c = (lat_c, lon_c)$ 为一条轨迹 $tra_{ph} = \{ph_1, ph_2, \cdots, ph_p\}$ 中心点的地理位置，其中

$$lat_c = \frac{1}{n_p}\sum_{i=1}^{n_p} lat_i,\ lon_c = \frac{1}{n_p}\sum_{i=1}^{n_p} lon_i \tag{5.16}$$

则轨迹半径有如下定义

$$R_{\text{tra}} = \sqrt{\frac{1}{n_p}\sum_{i=1}^{n_p} dist(ph_i, ph_c)} \tag{5.17}$$

通过这样定义出的轨迹半径，可以判断轨迹对应的用户活动范围大小。均方位移（mean squared displacement，MSD）则被定义为测量一个系统中原子移动的平均距离，可用来度量城市中人群的平均移动距离。

OD 流指轨迹中起点到终点的流动性特征，其中 O 表示出行起点，D 表示出行终点。OD 流从统计的角度反映移动对象的活动和群体轨迹的动态特征。通过比较 O、D 位置距离和流量差异，可以分析轨迹的运动特征，如乘客的去向、人口的流动等。

分析轨迹空间分布与地理环境关系往往通过空间关联规则挖掘，研究用户兴趣点与具有地理意义的事物（商场、景点、体育馆等）的关系。

2. 时间模式

运用统计方法从不同的时空粒度（年、月、周、天、时等）上探讨轨迹的分布规律，特别是周期性分布规律。研究发现，个体轨迹表面上是随机的，但人类轨迹在时空中具有规律性，即个体完成一次独立出行后，会以显著概率往返经常到访的地点，居民日常活动模式隐藏着高度的可预测性潜力。因此可以运用贝叶斯推理等概率方法通过轨迹数据挖掘用户的兴趣点、活动模式或结合历史轨迹预测用户轨迹或即将到访的地点。

群体轨迹的周期性变化往往与城市交通、城市功能区分布等因素有关。特定区域活动（人口、通话）的时序变化具有特定的模式，可用于识别社会功能不同的区域。轨迹数据反映的人类活动模式也往往与城市特定的社会事件关系紧密，可应用于城市公共卫生、城市公共安全、城市防灾减灾、城市旅游管理等。

3. 异常模式探测

异常数据挖掘主要采用的方法是偏差检测，通过寻找观测值与参照值的异常差别，判断是否存在异常。例如可以距离和时间为参照，判断出租车是否存在绕行、是否存在堵车等。

某些任务可能需要综合运用多个指标进行分析。例如，在判断人群中的异常运动目标，可能需要综合轨迹的起始端点的坐标、轨迹包含的轨迹点数目、轨迹点的点切线方向向量（如向量的最大值，最小值和平均值）、轨迹的速度（包括平均速度、最大速度和最小速度等）。对于这类比较复杂的判断问题，可以运用机器学习的方法，用作为训练集的轨迹数据集去训练分类器，寻找异常轨迹的特征空间。

5.3 众包与志愿者地理信息

5.3.1 众包与志愿者地理信息的概念

计算机技术、卫星定位技术的快速发展和手机等移动终端的迅速普及，不仅促生了许多新类型的空间大数据，也带动了传统地理数据生产行业的变革。带 GPS 的手机、3G 和 4G 移动网络的普及，极大地方便了用户记录身边的地理信息；而 Web 2.0、众包、云计算等理念和技术的发展则为广大互联网用户提供了地理信息协作生产和传播共享的平台，使得原本只有专业部门和单位才能使用的地理信息和 3S 技术被互联网用户和 3G、4G 移动网络用户所使用，帮助将这些个体用户提供的地理信息汇聚成丰富及时的自愿资源（volunteered sources）。越来越多的普通用户主动参与到地理信息的生产和更新中来，使得数据的提供者不再局限于政府机构、专业公司等相关领域的人员，任何一个普通用户都可以参与、协作完成地理信息数据的维护和更新，从而实现大量地理信息数据不断地被创建并且相互交叉引用，极大地缩短了地理信息获取和传播的时间。2007 年 Goodchild 首次提出了志愿者地理信息（volunteered geographic information，VGI）的概念（2007），肯定了公众作为“自发传感器”在采集地理数据中的重要力量。Tunner 甚至将这种用户参与贡献地理数据的现象视为“新地理”的重要特征之一（Turner，2006）。

VGI 的核心思想是 Goodchild 提出的“人人都是传感器”，通过汇聚个体用户的力量，实现对地理数据的采集、编辑和更新。一般用户不仅可以是地理信息的使用者，也可以是地理信息的提供者，从而打破了地理信息专业人员和公众之间的界限，也突破了传统的地理数据生产方式。通过专业部门获取地理数据往往需要投入大量的人力、物力和财力，而 VGI 通过整合人们贡献的地理信息，不仅成本上要低得多，其精度经常也可以和传统数据相匹敌，甚至具有自己的独特优势。在这种背景下，各种 VGI 项目纷纷涌现，其中以 Open Street Map、Google Map Maker、Wikimapia 和 Waze 等最为成功并各具特色。美国著名的社交媒体定位服务提供商 Foursquare、苹果公司和 Wikipedia 等均已宣布弃用 Google Maps，转向 VGI 网站 Open Street Map，可见 VGI 已经对传统的地理信息数据行业产生了巨大的冲击。

5.3.2　VGI 数据特点

VGI 数据与传统测绘数据生产方式不同，其数据特点也显著不同：

（1）数据细节丰富。由于 VGI 数据是由广大用户提供的，用户对自己周围的地理环境（地名、交通路网）往往都有比较详尽的了解，因此通过协作创造和集体智慧获得的 VGI 数据具有非常丰富的几何和语义细节，这些信息通常难以用自动化的手段自动获得。例如，通过遥感手段可以获得一个区域清晰的像片，但是无法获得详细的地名注记，而这些信息对于地理信息系统应用是必不可少的。这方面 VGI 信息具有很大的优势。

（2）更新速度快。传统的专业测绘数据的更新是按照制定好的更新计划进行，更新周期长、更新时间固定；而公众作为自发的传感器可以随时感受到地理事件的发生，发现变化就可以运用手机上传，实现地理数据的准实时更新。

（3）更新成本低。传统地理数据生产需要在外业采集和内业编辑上花费大量人力物力，生产成本居高不下；VGI 数据主要依靠志愿者无偿贡献和分享，数据生产和更新成本极低。

(4)数据分布不均。由于VGI数据主要依靠志愿者贡献和分享,在人类活动多和通信发达的地区,数据就相对密集;而在经济落后和人类活动较少的地区,数据就相对稀少。一些地点比另一些地点更容易被分享。例如,相比邮局或银行,餐厅或酒吧更有可能被共享,尽管这些地方都经常被访问。

(5)质量不稳定。由于VGI数据依赖没有经过专业训练的用户,使用非专业设备,数据质量常常得不到保证。因此,VGI数据必须经过处理和质量检查以保证数据的形式有效和内容合法。

5.3.3 VGI数据研究

VGI数据是一个新生事物,现有研究主要集中在以下方面:

(1)VGI数据质量评价。VGI数据质量不稳定和发布不均匀给其应用带来了很大困扰。很多人从不同角度对VGI数据质量和管理进行了探讨。研究发现,VGI数据在很多情况下非常精确,特别在欧美的很多城市,足以媲美传统测绘数据;通过用户推荐的淘汰选择机制,随着时间的延长,可以不断提高数据质量。

(2)个性化服务。由于VGI数据是由志愿者从个人的角度采集和共享的,体现了采集者个人的兴趣和偏好,在旅游点、交通道路、购物中心、娱乐设施等地点附近十分密集,而且现势性很强,对于旅游、出行这类应用十分有价值。因此有大量的研究是基于VGI数据设定出行线路,为用户提供个性化服务。

(3)数据集成。VGI数据中包含大量的有用信息,但也有很多噪声和错误。利用VGI数据优势,集成VGI和传统测绘数据,弥补传统测绘数据的不足是一条可行之路。研究发现,在某些情况下,如灾难危机中,VGI数据甚至具有传统测绘数据难以替代的优势。但是,由于VGI数据语义和几何组成均与专业数据具有较大的差别,难以与专业数据自动匹配,这类数据集成也面临很大挑战。同时对于如何及时发现VGI数据中的变化信息并确认其有效性,目前研究还不够。

第6章 时空大数据的快速计算模型

6.1 时空大数据的模型计算概述

时空大数据在许多领域都有着广泛的应用,但随着海量时空数据的持续性获取,对于基于时空大数据建模的快速计算显得越来越为重要,这在科学大数据领域显得尤为突出。本章结合科学时空大数据的特点,重点介绍三种思路的快速计算模型。首先,结合时空数据的自相关性,介绍插值等算法,使得由原来复杂的属性 X_i 预测目标 Y_i 的模型计算简化为时空邻域目标回归计算 Y_{i-2}, Y_{i-1}, $\cdots$, $\rightarrow Y_i$,从而为提高预测模型计算速度提供了机会;其次,结合时空数据的多分辨率特征,介绍多示例学习方法,从而将多种分辨率的数据能够有机融合起来建立预测模型,有效减少高分辨率的大计算量;其三,针对近年利用时空关联提出的结构化学习模型(其利用一个局部的所有输入来同时预测局部的所有输出),介绍一种近似计算模型,从而大幅减少算法复杂度,提高计算速度。

6.1.1 科学时空大数据的计算背景

随着信息化的深入发展,科学领域获得了多种时空大数据,例如,通过卫星传感设备获取的遥感影像,大规模天气预报数据、天文光谱或测光观测数据等。这些大数据为科学研究带来了重大机遇(Jacobs et al.,2009;Crampton et al.,2013;Evans et al.,2014)。下面以天文学为例,讲解大数据给科学研究带来的巨大冲击和机遇。

传统上天文学是一门观测的科学,但在21世纪,随着光学仪器及新的大型天文巡天设备的快速发展,天文数据正在以令人吃惊的速度增长。天文学进入了"多波段、大样本、高信息量"时代,下面列举一些正在进行的巡天项目及将要实施的巡天项目,这些项目展现了天文学正处在一个数据爆炸的时代,天文学正面临从观测科学向大数据分析科学的转变(彭南博,2012;赵永恒,2014)。

第一个巡天项目是斯隆数字化巡天项目(Sloan Digital Sky Survey,SDSS),它是美国、日本和德国等国的大学和研究所的合作项目,也是天文学历史上最为成功的巡天项目之一。该项目进行了成像巡天和光谱巡天的观测,所获得的观测资料被用于研究宇宙的大尺度结构、星系的形成与演化等天体物理学的重大前沿课题。该项目从21世纪初开始实施的十几年时间里,已完成三个阶段的巡天任务,获得了全天四分之一天区五个不同波段的光学图像、数亿个恒星和星系的测光数据以及超过 100 万星系、类星体和恒星的光学光谱数据，产生了大量具有革命性的天文学研究成果，成为目前用户最多、产出最丰、影响最大的地面光学和红外观测设备之一。SDSS 是第一个使用电荷耦合元件(charged coupled device, CCD)探测器的大面积巡天项目，其使用的 5 色测光相机由 30 个 CCD 按 5 行 6 列分布。它们产生的图像比以前利用照相技术所得的图像在灵敏度和精度上都有了很大的提高。其巡天观测得到的数据量也是空前的，大约有 15 TB。SDSS 在获得成像巡天的观测数据后，通过自动处理软件来对巡天图像中的天体进行检测，并确定它们的位置、形态和在五个波段上的亮度(五色星等)。此外，利用 SDSS 成像巡天所得到的上亿个天体的参数，可以将星系和类星体从中挑选出来。例如，利用天体形态的延展性挑选出星系，而利用天体的五色星等可以将类星体从绝大多数恒星中区分出来。SDSS 将依此选择出一百万个星系和十万个类星体来进行更为精确的光谱巡天观测。

第二个巡天项目是英国红外深空巡天项目(The United Kingdom Infrared Telescope Infrared Deep Sky Survey, UKIDSS)。它使用的是坐落于夏威夷的 UKIRT 近红外望远镜，该望远镜上的相机配备有 4 个 2 048×2 048 像素的观测设备。UKIDSS 巡天项目从 2005 年 5 月开始运行，将探测北天大约 7 500 $(°)^2$ 的天区。它包含 Y、J、H、K 四个波段，其中 K 波段深度到 18.3Vega 星等。UKIDSS 实际上包含五个主要的巡天项目：大天区面积巡天(Large Area Survey, LAS)、银河系平面巡天(Galactic Plane Survey, GPS)、星系团巡天(Galactic Clusters Survey, GCS)、深的河外巡天(Deep Extragalactic Survey, DXS)、极深场巡天(Ultra Deep Survey, UDS)。UKIDSS 巡天在覆盖范围和深度上可以看作是 SDSS 巡天在近红外波段的互补观测。它预计将会获得大约 10 亿个天体目标的观测信息。

盖亚(Gaia)是欧洲空间局的一颗天体测量卫星，于 2013 年 12 月发射。将实现对几乎整个银河系的“扫描”，其观测涵盖了角距测量、多波段测光和光谱观测，它将获得 10 亿颗恒星的三角视差和自行，还将得到 1.5 亿颗恒星的视向速度和几百万颗恒星的大气参数，是迄今最为雄心勃勃的银河系巡天计划。根据盖亚项目负责人——尼尔斯·玻尔研究所的丹麦天文学家埃里克·霍格(Erik Hog)介绍，这颗卫星将是颠覆性的，其观测的效率将比同样是由欧洲发射的前任依巴谷卫星(Hipparcos)高出数百万倍。

大型综合巡天望远镜(the large synoptic survey telescope, LSST)是已经开始建设的下一代地基全天望远镜。它将坐落在智利北部，位于海拔 2 682 m 高山上的塞罗帕拉纳观测站，该地被认为是世界上最好的天文观测站点之一。LSST 采用的是 8.4 m 口径的主镜，3.4 m 口径的次镜，计划产生 6 个波段的数据。与以往巡天项目不同的是 LSST 拍摄能力非常强劲，配备的探测器阵列可以每次曝光

$9.6(°)^2$，且每个像素分辨率达到 0.2 角秒，每年将产生超过 20 万张的全景图像，这样它可以在一周内对全部观测天区扫描两次，让天文学家可以对观测目标进行时域研究。LSST 每晚会产生 30 TB 的数据，而整个巡天计划将会产生 60 PB 的数据以及超过 200 亿行的巨大星表。LSST 除具有快速深空探测的能力外，还将开启采集、处理和分析天文时域数据的新时代，这必将极大地促进天文学家和大数据专家深度合作进行太空探索的科学方法。

平方公里阵列望远镜（The Square Kilometer Array，SKA）项目有可能成为世界上最大的射电望远镜。该项目是一项大型国际科研合作项目，参与国有澳大利亚、加拿大、意大利、南非、英国、中国等 20 个国家。它由 3 000 个碟状天线组成，每个天线直径 15 m，信号接收区面积合计约达 1 km^2。这些装置将分布在世界三大洲的多个地区，它们的探测结果可以通过信息融合获得更为全面的观测图像。值得注意的是，过去天文望远镜往往是单独观测或仅形成局部观测网络，因此受地域限制，它们只能观测星空的很小一部分，许多重要天文事件可能因此漏掉。SKA 将世界各地的射电望远镜连成网络后，可以更加全面地观测整个星空，从而有效减少漏掉发现重要天文事件的概率。该项目目前仍然处于选址和筹建中，但它展示了令世界各国天文学家非常振奋的雄伟计划。它的观测结果对于研究脉冲星及绘制超过 10 亿个星系图像，从而了解星系的形成与演化，研究暗物质，探索宇宙再电离时期等具有非常重要的价值。与此同时，SKA 所面临的时空大数据挑战远远超乎想象，数据从信号探测器到相关器传输的流量是 4.2 PB/s，然后再从相关器到可视化处理的数据流量是 1～500 TB/s 不等。SKA 给数据存储、数据处理、数据展示、数据分析等各个阶段都带来了巨大的挑战，因此也迫切需要对于时空大数据分析的快速计算模型。

从五个巡天项目的简介中可以很清楚地看到，随着各种精密科学观测仪器的出现和快速发展，天文数据正以摩尔定律的方式增长，天文学正逐渐演变成一门数据密集型、计算复杂型的学科，天文发现将高度依赖于时空大数据的分析能力。因此，面对海量的时空数据，研发其快速计算模型显得尤为重要，它将使天文学家发现的知识随着数据的爆炸式增长而快速增长。

其实，在其他科学领域，科学家们同样希望从时空大数据中挖掘的知识也能与采集的大数据同步，因此，研究时空大数据的快速计算模型具有非常广泛和重要的应用。

6.1.2　时空大数据给计算带来的挑战

在遥感、天文、大气等领域，一种传统的根据时空观测数据估算相应空间目标参数的方法是反演方法，或称为模板方法。所谓反演模板方法，就是基于目前科学能够理解的自然界中发生的物理和化学过程建立一系列代表性领域模板，每个模板都经过校正处理后对应一个目标参数网格，然后利用从实际时空观测信息中抽取的特征与模板进行比对，当比对 χ^2 值最小时，就认为通过匹配模板估算了描述地面、大气或太空实况的空间目标参数。

下面以根据卫星观测信息估测气溶胶光学厚度(aerosol optical thickness，AOT)为例，给出反演方法的形式化描述：给定基于卫星辐射观测的属性集 $\{x_i\}$，每个数据点 x_i 表示为 $x_i=(t_i, \mathrm{lat}_i, \mathrm{lon}_i, O_i1, \cdots, O_{im}, a_i1, \cdots, a_in)$ 的一个元组。t_i 表示观测时间，lat_i 和 lon_i 表示空间位置(纬度和经度)，$O_{ij}(j=1, \cdots, m)$ 是来自观测的辐射属性，$a_{ij}(j=1, \cdots, n)$ 是辅助属性，例如描述相机视角和太阳角度的集合参数等。AOT 为基于相应 x_i 值的 y_i。

反演模型具有两个步骤。首先是基于正向推导模型 $O_i=F(a_i, y_i)$，根据气溶胶光学厚度观测 y_i 和辅助属性 a_i，利用物理学原理去推理应该观察到的辐射属性 O_i。第二个步骤是利用 F 的逆运算符 $R=F-1$，通过非线性正演模型去反演气溶胶光学厚度。从本质上看这种反演模型是一个病态问题。它分为两个步骤，在正向模型步骤构建元组列表 $(a_i, y_i, F(a_i, y_i))$，在反演步骤将观测的信息与表中的 $(a_i, F(a_i, y_i))$ 元组进行匹配，其中最接近观察值的表条目 $(a_i, y_i, F(a_i, y_i))$ 被返回，这个条目的 y_i 值即为得到的估测目标值。这个反演过程类似于最近邻居算法。很显然，它的计算成本很高，因为它在每次检索中需要对构建的所有元组进行线性搜索、匹配。

基于反演方法的拟合过程原理简单，在实践中也取得了一些效果，但它的估算往往涉及海量计算。这是由于地球表面、大气层或太空复杂多变，科学家们需要对从时空观测信息映射到目标参数过程中所关联的多个物理、化学过程建模；而且在许多过程建模中还会由于气象条件、观测设备限制等多种因素造成噪声数据，需要进行合理的去噪处理；其次，科学家们有时为提高观测的可靠性和精度，需要综合分析来自多个设备的异质数据源的时空观测信息，因此即使估算一个时空点的目标参数也涉及复杂计算。如需提供全球范围的目标参数，那么这些海量计算使得即使采用了超级计算机，一些目标参数的求解仍然需要数周、数月的时间，相比各种遥感卫星的观测周期，这是一个漫长的过程，它会造成许多科学空间参数产品不能及时、持续地更新、发布。

随着各种传感器分辨率的不断提高，这些时空大数据的容量将变得更加庞大，因此在时空高分辨率、大覆盖范围的计算任务中对科学计算模型提出了更高的计算效率要求和挑战。

6.2　时空大数据特点及快速计算的机会

6.2.1　时空大数据的特点

时空大数据具有两个显著特点：时空自相关性和采样多尺度。

1. 时空自相关性

常常可以观测到时间或地域相邻的同一属性间往往相互关联，显示出一定的相似性。对于空间数据来讲，即为空间自相关性（spatial autocorrelation），它指一些变量在同一个分布区内的观测数据之间潜在的相互依赖性。Tobler(1970)曾提出地理学第一定律，认为“地表事物和现象之间是相关的，距离越近，关联程度就越强；反之，距离越远，关联程度就越弱。”

空间自相关统计量是用于度量地理数据(geographic data)的一个基本性质：某位置上的数据与其他位置上数据间的相互依赖程度。通常把这种依赖称为空间依赖(spatial dependence)。从本质上讲，地理上距离较近的数据，由于所受的相似环境、相似相互作用以及空间扩散的影响，彼此之间可能不再相互独立，而成为紧密相关的。例如，考察一定空间区域的温度属性，距离较近的多个区域受相同的气流影响，并进行了充分的空气流动，因而它们的温度相差不大。实际上，我们经常观测到，区域间距离越近，温度就越接近、越相关。

在统计上，常常通过相关分析(correlation analysis)检测两种属性(统计量)的变化是否存在相关性，例如，网上一本书的销量，往往与其评论的数量相关。若其分析的统计量是同一属性变量的不同观察对象，则称之为“自相关”(autocorrelation)。因此空间自相关是研究空间中某点与其周围邻居点间围绕某一考察属性的相互依赖性，并分析这些邻居点在空间分布现象上的特性。

分析空间自相关性或者说空间数据的依赖性需要采用一些空间相关的测度方法，其中比较流行的方法有 Moran's I、Geary's C、LISA、G 统计量等(陈绍宽 等，2013)。这些方法各有其优点和缺点，因此具有不同的适用范畴和限制。总体上讲，这些方法从功能上可以大致分为两大类：一为全局性测度的全局空间相关分析(global spatial autocorrelation)，另一则为局域性测度的局部空间相关分析(local spatial autocorrelation)。

全局空间相关分析从整体角度研究所有空间对象之间某现象的平均关联程度、空间分布状况，从而判断此现象在全局空间是否有聚集特性存在，但其并不能确切地指出聚集在哪些局部区域。局部空间相关分析研究不同局部空间位置可能存在的不同空间关联模式，从而发现每个区域与周边区域数据之间的空间差异性。

下面重点介绍 Moran's I 指数。

Moran's I 指数由 Moran 于 1950 年首先提出，最初是一个全局空间自相关的分析方法，后来通过广大学者的不断努力，特别是 Anselin 提出空间局部自相关分析方法（包括局部 Moran's I 指数和 Moran 散点图），使得 Moran's I 指数分析方法逐渐成熟，并成为衡量空间自相关的一种重要的测度。

全局 Moran's I 指数反映的是空间邻接或空间邻近的区域单元属性值的相似程度，如果 x_i 是位置（区域）i 的观测值，则该变量的全局 Moran's I 指数定义为

$$I=\frac{\sum_{i=1}^{n}\sum_{j=1}^{n}w_{ij}(x_i-\bar{x})(x_j-\bar{x})}{\frac{1}{n}(\sum_{i=1}^{n}\sum_{j=1}^{n}w_{ij})\sum_{i=1}^{n}(x_i-\bar{x})^2}=\frac{\sum_{i=1}^{n}\sum_{j\neq 1}^{n}w_{ij}(x_i-\bar{x})(x_j-\bar{x})}{S^2\sum_{i=1}^{n}\sum_{j\neq 1}^{n}w_{ij}} \tag{6.1}$$

式中，x_i 表示在 i 处空间对象的观察值，n 为样本的个数，$S^2=\frac{1}{n}\sum_{i=1}^{n}(x_i-\bar{x})^2$，$\bar{x}=\frac{1}{n}\sum_{i=1}^{n}x_i$，$w_{ij}$ 是空间权重值，表示为式(6.2) 或式(6.3)。

当 w_{ij} 表示直接相邻关系时，可用式(6.2)表示

$$w_{ij}=\begin{cases}1, & \text{位置 } i \text{ 与位置 } j \text{ 相邻}\\ 0, & \text{位置 } i \text{ 与位置 } j \text{ 不相邻}\end{cases} \tag{6.2}$$

当 w_{ij} 表示在一定距离的 d 内两个观察对象直接或间接相邻时（即给出空间相关距离 d，在此距离 d 内视为两两相邻；否则视为不相邻），可用式(6.3) 表示

$$w_{ij}(d)\begin{cases}1, & \text{位置 } j \text{ 与位置 } i \text{ 在距离 } d \text{ 之内相邻}\\ 0, & \text{位置 } j \text{ 与位置 } i \text{ 在距离 } d \text{ 之内不能相邻}\end{cases} \tag{6.3}$$

式中，$i=1,2,\cdots,n$；$j=1,2,\cdots,m$。

全局 Moran's I 指数的取值可以检验数据的空间自相关性，它一般在[−1,1]之间，小于 0 表示负相关，等于 0 表示不相关，大于 0 表示正相关。

可以利用标准化统计量 Z 来检验 n 个区域是否存在空间自相关关系，Z 的计算公式可表示为

$$Z=\frac{I-E(I)}{\sqrt{VAR(I)}} \tag{6.4}$$

当 Z 值为正且显著时，表明相似的观测值趋于空间聚集，存在正的空间自相关；当 Z 值为负且显著时，表明相似的观测值趋于分散分布，存在负的空间自相关；当 Z 值为 0 时，观测值呈独立随机分布。

下面举例说明全局 Moran's I 指数的计算方法。

对于全局 Moran's I 指数，计算时需要将 $M\times M$ 的矩阵展开成为一个 M^2 位的一维向量，并构建一维向量的空间权重矩阵，然后再根据全局 Moran's I 指数的算法来求出全局 Moran's I 值。举例如下：

例如，一个 2×2 的矩阵，展开成为一个 4 位的一维向量，就成为 $\boldsymbol{A}=[2\ 5\ 6\ 8]$。

2	5
6	8

然后构建一维向量的空间权重矩阵，是一个 4×4 的矩阵 $\boldsymbol{B}$，相邻的值就为 1，不相邻的值为 0。比如 2 和 5 相邻，则在矩阵中(2,5)的位置设置为 1。

	2	**5**	**6**	**8**
2	0	1	1	0
5	1	0	0	1
6	1	0	0	1
8	0	1	1	0

将其规范化，每一行数字相加得 m，并将这一行的每一个数字除以 m。规范化后得到 4×4 的矩阵 $\boldsymbol{B}$。

	2	**5**	**6**	**8**
2	0	0.5	0.5	0
5	0.5	0	0	0.5
6	0.5	0	0	0.5
8	0	0.5	0.5	0

$\boldsymbol{A}$ 中的所有数据的平均值为 5，用 $\boldsymbol{A}$ 中的每个数据减去平均值，得到新的一个向量 $\boldsymbol{Z}=[-3\ \ -1\ 1\ 3]$，$\boldsymbol{Z}^{\mathrm{T}}$ 是 $\boldsymbol{Z}$ 的转置向量，所以这个 2×2 的矩阵的全局 Moran's I 值为

$$\boldsymbol{I}=(\boldsymbol{Z}\times\boldsymbol{B}\times\boldsymbol{Z}^{\mathrm{T}})/(\boldsymbol{Z}\times\boldsymbol{Z}^{\mathrm{T}})$$

局域 Moran's I 指数 I_i 定义为

$$I_i=\frac{n(x_i-\bar{x})\sum_j w_{ij}(x_j-\bar{x})}{\sum_i(x_i-\bar{x})^2}=\frac{nz_i\sum_j w_{ij}z_j}{z^{\mathrm{T}}z}=z'_i\sum_{j\neq i}^{n}w_{ij}z'_j \tag{6.5}$$

式中，z'_i 和 z'_j 是经过标准差标准化的观测值，其他各变量的含义与式(6.1)中相同。

每个区域单元 i 的局域 Moran's I 指数 I_i 是描述该区域单元周围显著的相似值区域单元之间空间集聚程度的指标；正的 I_i 值表示该区域单元周围相似值的空间集聚，负的 I_i 值则表示非相似值的空间集聚。

计算局部 Moran's I 时，需首先求出 $M\times M$ 矩阵的所有数值的标准差 S 及平均数 A。这样，若求其中一个数值 p 的局部 Moran's I 值，则首先找到它的邻居

(如上例 2×2 的矩阵中,2 的邻居是 5 和 6),设邻居数有 x 个,并用它的所有邻居的值相加设为 M,则数值 p 的局部 Moran's I 值为

$$I=(p-A)\times(M-x\times A)/S$$

表 6.1 列出了一个具有空间强自相关性的矩阵,相邻元素间的差异不大。该矩阵的全局 Moran's I 为 0.444 7。该矩阵的局部 Moran's I 如表 6.2 所示。

表 6.1 空间强自相关性的矩阵举例

56	58	53	55	58	59
50	57	55	56	57	60
54	59	56	57	58	55
58	62	60	55	52	53
60	60	59	61	56	50
59	58	57	54	47	48

表 6.2 空间强自相关性矩阵的局部 Moran's I

0.058 2	−0.369 1	0.127 5	0.140 9	0.369 1	1.293 1
0.745 0	−0.179 0	0.250 6	0.008 9	0.492 2	0.771 8
0.261 7	0.988 8	−0.085 0	0.022 4	−0.541 4	−0.234 9
1.107 4	5.794 2	2.264 0	−0.501 1	0.894 9	2.932 9
2.624 2	4.425 1	3.042 5	−0.259 5	0.196 9	5.711 4
1.293 1	1.107 4	0.167 8	0.610 7	7.751 7	10.085 0

表 6.3 列出了一个不具有空间自相关性的矩阵,相邻元素间的差异很大。该矩阵的全局 Moran's I 为−0.986 6。该矩阵的局部 Moran's I 如表 6.4 所示。

表 6.3 不具有空间自相关性的矩阵举例

1	100	2	110	4	108
90	2	120	1	105	2
3	95	3	100	2	110
106	3	100	4	106	1
2	110	2	108	3	108
120	1	110	1	110	2

表 6.4 不具有空间自相关性矩阵的局部 Moran's I

−1.580 1	−2.628	−3.182 9	−3.162 6	−2.932 9	−2.006 6
−2.039 9	−3.577 1	−5.005 8	−4.227 9	−3.844 4	−3.049 5
−2.393 3	−3.056 4	−3.695 5	−3.448 5	−3.881 9	−3.203 1
−2.916 6	−3.620 8	−3.415 3	−3.605 2	−3.901 4	−3.127 2
−3.297 2	−4.243 8	−4.015 2	−4.052 3	−4.013 2	−3.068 6
−2.526 8	−3.437 8	−3.223 4	−3.204 9	−3.182 9	−2.083 8

类似于全局 Moran's I ,可定义局域 Moran's I_i 检验的标准化统计量为

$$Z(I_i)=\frac{I_i-E(I_i)}{\sqrt{VAR(I_i)}} \tag{6.6}$$

根据式(6.6)计算出检验统计量，可以对有意义的局域空间相关性进行显著性检验。

反映空间联系的局域指标可能会和全局指标不一致，实际上，空间联系的局域指标可能会成为全局指标所不能反映的“失常”是很有可能的，尤其在大样本数据中，在强烈而且显著的全局空间联系之下，可能掩盖着完全随机化的样本数据子集，有时候甚至会出现局域的空间联系趋势和全局的趋势恰恰相反的情况。

下面介绍空间局部自相关分析方法中的 Moran 散点图。

散点图是数据分析中用来表示两个变量之间的相关程度的一种图形方法。Moran 散点图是以 (w_z, z) 为坐标点的散点图，常用来研究局域的空间不稳定性，它是对空间滞后因子 w_z 与数据 z 进行可视化的二维图示。其中，横轴对应观测值向量 z，纵轴对应空间滞后向量 w_z，即该观测值周围邻域的加权平均。

对界外值以及对 Moran's I 具有强烈影响的区域单元，可通过标准回归来诊断。Moran 散点图将某个变量的观测值向量 z 与它的空间滞后向量 w_z 之间的相关关系，通过散点图的形式表现出来。当空间权重矩阵 w 经标准化之后，式(6.1)简化为

$$I=\frac{z'w_z}{z'z} \tag{6.7}$$

式中，z 是标准化以后的观测值向量。此时，全局 Moran's I 可以看成是 w_z 对于 z 的线性回归系数，因此，它被称为 Moran 散点图。

具体地说，可以将 Moran 散点图划分为四个象限，分别对应四种不同的空间格局。其中，H 表示变量值高于平均值，L 表示变量值低于平均值。右上象限(HH)表示高值区域被高值邻居所包围；左上象限(LH)表示低值区域被高值邻居所包围。

2. 采样多尺度

尺度是描述时空数据的一个重要特性。自然界中的事物呈现出不同的时空形态，需要不同的尺度观测，例如，在空间上对于遥远天体间的距离用“光年”测量，对于两个城市间距离用“千米”测量，对于一本书的宽度用“厘米”测量。同理在时间上对于气候变化用“年”来度量，对于每天的温度变化可以用“小时”来度量。

对于目标物体，由于考查的时空范围有一定变化，因此往往需要使用多个尺度来采样。例如，在使用百度地图时，可以利用放大或缩小的滑尺来动态地改变地图尺度，这样可以在不同尺度下调焦，从而在不同空间范围清楚地了解目标周围的交通线路、地形地貌、邻居等情况。通常，大尺度采样可以表现观测过程和现象在整体、抽象、宏观层次上的趋势，小尺度采样反映观察对象详细、具体的微观信息；

中等尺度是一种过渡尺度。从信息数据量的角度，不同尺度上所表达的信息密度有很大的差异。在相同的时空考察范围内，尺度变大则信息密度变小。

很多自然和社会现象及其特征具有特定的尺度依赖性，即这种现象或特征在某些时空尺度上才能得以明显地显现。

在时空大数据环境下，一个实体或过程在不同尺度上具有不同的特征，作为描述这种特征的时空数据自然也有多尺度的特征。这种多尺度特征表现在以下三个方面。

1）空间多尺度

空间多尺度表示两层含义。一方面，它表示不同空间范围的数据集用于表达不同规模的空间实体和过程；另一方面，它表示相同的过程和现象可在不同尺度的数据集中表达，这样相同的数据源可以形成不同尺度的数据，而不同尺度的数据又从不同的层面和角度反映了观察对象的特征，它们之间可以相互综合。在多尺度中，空间尺度越大，其对观察对象的抽象程度就越高。

特别地，在遥感、测绘等与空间位置相关的科学领域，空间尺度可以有多个方面的含义：

（1）测量尺度。又称为空间分辨率，是指图像中每个像素所代表的空间范围的大小，或者说是图像中所能辨识的空间几何长度的最小单元。高分辨率对应较大的数据量，而低分辨率所获得的数据量较小。

（2）制图尺度或比例尺。它表示地图上距离与实际距离之比。大比例尺地图能反映地物详细情况，而小比例尺地图表现的地物情况较概括，中比例尺地图介于以上两者之间。

（3）作用尺度。指在自然现象或社会现象中某一特征得以体现的空间尺度。发现空间对象特性的作用尺度是决定所研究的空间尺度的重要步骤。

2）时间多尺度

时间尺度指数据采样的时间周期。周期有不同的衡量单位，如秒、分钟、小时等。

在时空大数据分析中，为减少误差，往往不是用一个时间点的采样值来表示数据，而是结合观测的对象属性用某时间段的平均值状况来表示“时刻”，例如，“现在的温度”可能用一个小时内温度的平均值来表示；而“现在的气候”则可能表示最近若干年来气候的平均状况。根据时间周期的长短，空间数据的时间多尺度可表现在不同的粒度，具体如下：

（1）秒尺度，例如在股票市场，个股行情瞬息万变，因此可用秒为单位来采样个股的当前成交价格。

（2）天尺度，表示自然界或社会实体在短时间内就会有明显变化，例如每天的天气预报。

(3)月尺度,表示自然界或社会实体在一段时间内有明显变化,例如国家统计局每月报告的居民消费价格指数等。

(4)人类历史尺度,表示自然界或社会实体在人类历史的发展长河上有较大变化,例如物种发育、人类的进化等。

时间数据还具有一定的结构特点。在某些应用中,时间数据呈线性结构,即时间可看作是一条没有起点,穿越现在,并无限延伸将来的线轴,它具有流逝的不可逆性(单向性),如人的生命;而在另外应用中,时间呈周期性循环结构,即经过一定周期后观测会有一定的相似性或重复,如每年的季节变化。

3)时空多尺度

从一定意义上将,自然界或社会实体运动的时间尺度和空间尺度往往是一致的,即较长的时间周期往往对应于较大的空间尺度。例如,研究某一个城市上空的气溶胶性质时,可根据一般风力条件下,半小时内气溶胶的平均运动距离在50 km左右来综合考虑多数据源融合时的时空对应尺度或时空分辨率。不同的应用领域,甚至某一应用领域的不同应用范围,都可能采用不同的时空尺度。尺度的选择会直接影响计算复杂性和数据的处理精度。

时空数据的尺度转换广泛地应用在多数据源的大数据分析中。对于一个自然和社会的研究对象,由于考查的特征多样,体现每一个特征的数据源的时空分辨率都不一样,因此在多特征分析中需要实现时空数据的尺度转换(梁珺 等,2007)。

时空数据的多尺度转换方法通常有以下几种:

(1)信息融合。

信息融合可以看作是一定时空分辨率下的综合,它可以首先确定一个空间中心点和时间中心点,然后将多数据源按照时空分辨率综合,从而实现从多个数据集合到单一数据集合的转换。信息融合可以分为三个层次:模型层融合、特征层融合以及数据层融合。可以根据不同的应用需求及数据的同质性来决定实施信息融合的层次。

在数据层进行信息融合的技术主要包括均值法、中心像素法等。不同的融合方法所生成的融合数据集不同。例如,在空间自相关范围内的空间尺度上,均值法能揭示潜在的空间布局。在有限的范围内,中心像素法保持了原始图像的对比度和空间格局,但对于异质区域或大空间尺度,中心像素法可能导致大的偏差。

(2)插值方法。

时空数据具有一定的时间、空间相关性。根据这种相关性,可以利用插值方法推算一定范围内其他尺度的相应值。例如基于地理学第一定律的克里金(Kriging)插值法。

克里金插值法基于无偏性和最小估计方差原理,以距离为自变量构造变异函数,利用周围采样点的信息来推算未测点的值。它是地质统计学的主要方法之一。

克里金插值方法有几种类型，每种方法都有不同的适用条件。例如普通克里金法、简单克里金法和泛克里金法要求样本数据符合正态分布。其中，当假设高程值的期望值是未知时，适用普通克里金法；当假设高程值的期望值为某一已知常数时，适用简单克里金法；当数据存在主导趋势时，适用泛克里金法。如果样本数据不服从正态分布时，适用析取克里金法。

插值方法的主要缺点是结果具有较强的平滑性，对于尺度范围内有较大变异的情况不能实现较好的转换。

(3)分形方法。

数学家曼德尔布罗(Mandelbrot)首先提出了分形(fractal)的概念，分形理论发现在不同的尺度上，图形具有自相似性。例如，在没有地标参照物的情况下，在空中拍摄的100 km长的海岸线与放大了的10 km长海岸线的两张照片看上去会十分相似。事实上，这种自相似性形态广泛存在于自然界中，如连绵的山川、飘浮的云朵、大脑皮层等。曼德尔布罗把这些部分与整体以某种方式相似的形体称为分形。

分形理论有两个重要原则：自相似原则和迭代生成原则。它们表征了分形在通常的几何变换下具有不变性，即标度无关性。在遥感等领域，科学家已经发现，分形方法可以通过分维数来描述地理空间信息的结构特点，这样在一定的分辨率变化范围内，可以利用分维数生成其他分辨率的图像，因此可以实现图像在不同尺度的转换。

(4)小波变换。

小波变换(wavelet transform)是一种新的变换分析方法，它能提供空间(时间)和频率的局部变换，是进行信号时频分析的理想工具之一。它的主要特点是通过变换能够充分突出问题某些方面的特征，通过伸缩平移运算对信号(函数)逐步进行多尺度细化，最终达到高频处时间细分，低频处频率细分，从而可聚焦到信号的任意细节。

因此，以小波变换为核心的小波分析方法能有效地处理多尺度、多层次、多分辨率问题。在遥感等领域，已有学者利用小波分析实现了不同分辨率的遥感数据转换。该方法的优势在于能有效地将多尺度的分解信号融合在一起，并保留原始数据中的结构特征。

此外，时空数据往往是流信息，它随着时间、空间的变化而变化。因此，信息融合应保持时空数据的一致性，当一个数据源数据随时间发生变化时，应激发信息融合方法重新计算，这样能使融合数据与多源数据间既保持一致，又有效减少了随时计算的计算量。

6.2.2　时空大数据的快速计算机会

统计模型使用元组 $\{(x_i, y_i), i=1,\cdots,K\}$ 标记过的数据集来构造学习模型。在神经网络情况下，统计反演算法学习一种以最小化均方误差为目标的回归模型 $NN(x,\beta)$，其中均方误差定义为 $E[(y-NN(x,\beta))^2]$，这里 β 是一个模型参数的集合。虽然回归模型的构件过程比较耗费时间，但对于新观测数据的估测是快速的。或者通俗地讲，统计模型能观测到一个局部的属性与空间目标间的数据规律，从而有效地做出估测。

常规的数据挖掘模型计算时遵循独立同分布(independent and identically distributed, i. i. d)假设，通常的处理方式是直接根据当前考虑中心点的观测信息 X_i 推算其相应的预测目标 Y_i，没有考虑相邻邻域或一定时间窗口内的目标与目标之间、观测信息与观测信息之间存在的自相关性。实际上，时空信息及时空目标属性间具有很强的自相关性，甚至一个时空点的目标值可由与之时空相邻的邻域目标值来预测。通常把这种存在于预测目标和观测信息中的相似相关性称为时空上下文信息。利用时空上下文信息使得原来复杂的 $X_i \rightarrow Y_i$ 的模型计算能简化为时空邻域目标属性计算($\cdots, Y_{i-2}, Y_{i-1} \rightarrow Y_i$)，从而为提高模型计算速度提供了机会。

基于 6.1.2 节中描述的确定性和统计检索算法属性，很明显这两种方法是相辅相成——确定性检索算法是准确和计算昂贵的，而统计算法可能不太准确但计算也不那么耗时。本节的目的旨在探讨如何结合这两种算法来实现精确度和计算复杂性之间的权衡：即用少量关键位置的确定性算法作为基点，并使用数据挖掘算法对余下的点进行估算，从而提供全面检索。这样，将探索在精确度有轻微降低的情况下，显著减少估算时间的计算方法。在 6.3 节，将介绍将确定性算法与数据挖掘算法结合起来的多种不同的快速计算模型。

6.3　基于时空数据挖掘的多种快速计算模型

描述时空模型计算的形式化表示，重点介绍多种基于时空数据挖掘的快速计算模型，例如倒距离空间插值模型、局部区域神经网络、全局神经网络、误差校正模型、加权空间平均模型、时间移动平均模型、时空自回归模型、多示例学习、条件随机场等。将详细介绍各个模型的思想和原理、计算公式、采用原则、优缺点等。

6.3.1　空间插值模型

空间插值常按照应用中的控件分布特点，将稀疏点的测量数据转换为更高密度的数据集合。它包括了空间内插和外推两种算法。空间内插算法是一种通过已知点的数据推求同一区域其他未知点数据的计算方法；空间外推算法则是通过已知区域的数据，推求其他区域数据的方法。以下几种情况必须做空间插值。

(1)现有的离散曲面的分辨率，像元大小或方向与所要求的不符，需要重新插值。例如将一个扫描影像(航空像片、遥感影像)从一种分辨率或方向转换到另一种分辨率或方向的影像。

(2)现有的连续曲面的数据模型与所需的数据模型不符，需要重新插值。如将一个连续的曲面从一种空间切分方式变为另一种空间切分方式，从不规则三角网(triangulated irregular network, TIN)到栅格、栅格到 TIN 或矢量多边形到栅格。

(3)现有的数据不能完全覆盖所要求的区域范围，需要插值。如将离散的采样点数据内插为连续的数据表面。

空间插值的理论假设是空间位置上越靠近的点，越可能具有相似的特征值；而距离越远的点，其特征值相似的可能性越小。

给出 K 空间共同定位数据点集$\{(lat_i, lon_i, y_i), i=1,\cdots,K\}$，这个数据点集从确定性算法中获得，逆距离空间插值(inverse distance spatial interpolation, IDSI)模型可以用来预测在临近地方的气溶胶光学厚度(aerosol optical thickness, AOT)。AOT 的值 y 在所需位置(lat, lon)的计算方式为

$$y=\frac{\sum_{i=1}^{K} y_i/d_i^p}{\sum_{i=1}^{K} 1/d_i^p} \tag{6.8}$$

式中，d_i 表示(lat_i, lon_i)和(lat, lon)之间的距离，p 是决定在最近邻上重要程度的参数，较大的 p 值将较大的权重分配给附近的邻居，$p=0$ 时对应简单的平均化，$p=\infty$ 时等效到最近的邻居预测。通过探讨几个 p 值的选择，来确定在所有的后续实验中最好的 p 值。

6.3.2 全局神经网络和局部区域神经网络

假设有一个 K 标注的数据点集$\{(x_i, y_i)1,\cdots,k\}$，这里标签 y_i 是从过去一段时间的确定性算法里获得，构造一个全局神经网络(global artificial neural network, GANN)回归模型 $y_i=GANN(x_i)$，通过使用非空间属性 x_i(不包括(lat_i, lon_i))作为输入，目标 y_i 作为输出。完成的模型被称为“全球”是因为它使用先前在其培训的所有区域检索到的数据(Albayrak et al.,2013)。

在实验中，GANN 被构造成前馈神经网络，伴随着在输出时候有乙状结肠神经元和线性神经元的单隐层。设计目标是降维和优化 GANN 结构的识别来最大化单独测试数据的精度。预测由均方误差(mean square error, MSE)来测量，或通过 $R^2=1-MSE/Var(y)$ 系数的测定，其中 $Var(y)$ 是 AOT 目标变量的方差。

公开可用的多角度成像仪(multi-angle imaging spectroradiometer, MISR)数据产品允许大量属性的推导，直接使用这些属性作为输入将导致伴随大量权重的

神经网络成为一个耗时的培训，并且有可能产生过拟合现象。因此，应用主成分分析（principal component analysis，PCA）来减少数据维数，它是通过使用最大主成分作为人工神经网络的输入。本书通过由实证研究的比较全面的预测精度来决定人工神经网络里的隐藏单元的适当数量。基于已有研究结果（HAN et al.，2006），选择贝叶斯正则化作为人工神经网络的训练算法。

下面将探索对于局部区域神经网络，例如，对于每个被单通器材覆盖的空间区域被称为轨道，一个当地神经网络是使用对应那个轨道的标注数据的子集来构造的。与 GANN 相反的，区域神经网络（region-specific neural network，RSNN）使用较小的神经元数量，因为它受训使用从特定区域收集来的少量数据。此外，RSNN 的输入是由所有的可用属性组成，其中包括“经度”和“纬度”。从而，RSNN 可以通过纳入来自空间约束区域的信息来反映一个区域的特定属性。使用空间坐标作为属性，允许 RSNN 来执行空间插值，这是此类应用程序的理想状态。

6.3.3　时空自回归模型和误差校正模型

观察到来自 GANN 的检索错误是空间相关的（6.3.2 节）。因此，如果 GANN 高估了给定的位置，它将很有可能高估邻近位置（上升大概达 100 km）。这个模型可以被空间自回归模型利用。在这个研究中，本书使用简单的方法：给出一个 K_r 标注的数据点的集 $\{(x_i, y_i), i=1,\cdots,K_r\}$ 对应轨道 r，$r=1,\cdots,R$，由向量 $\boldsymbol{x}$ 定义的位置的 AOT 被预计为

$$ECMr(\boldsymbol{x}) = GANN(\boldsymbol{x}) + \varepsilon_r(\boldsymbol{x}) \tag{6.9}$$

式中，$\varepsilon_r(\boldsymbol{x})$ 是通过 IDSI（式（6.8））运用到来自标注数据的 GANN 的预测错误 $y_i - GANN(x_i)$。在这些实验中，IDSI 算法使用参数 p 的相同值。

6.3.4　加权空间平均模型和时间移动平均模型

结合 GANN 的预测和空间插值模型，本书针对每个轨道 r，$r=1,\cdots,R$，通过给组件预测器加权来构造了 WAM 预测器

$$y = \alpha_r GANN(\boldsymbol{x}) + (1-\alpha_r) IDSI_r(\boldsymbol{x}) \tag{6.10}$$

式中，α_r 是在[0,1]之间的加权参数。

式（6.10）中的加权参数 α_r 对于最小化平均平方预测错误是积极的，以下是 α_r 的优化选择

$$\alpha_r = \frac{\sum_{i=1}^{K_r}(y_i - IDSI_r(x_i)) \cdot (GANN(x_i) - IDSI_r(x_i))}{\sum_{i=1}^{K_r}(GANN(x_i) - IDSI_r(x_i))^2} \tag{6.11}$$

式中，K_r 表示在第 r 轨道内标记的数据点的数量。如果 $\alpha_r < 0$，其值将被设置为

0,如果 $\alpha_r > 1$,其值将被设为 1。

6.3.5 多示例学习

多示例学习问题在过去十几年中引起了世界各国学者的广泛兴趣。它最普遍的形式是给定一些有标记的包,每个包都包含一定数量的相关实例,目标是希望从这些包数据集合中建立一个数据驱动的学习模型。多示例学习模型与传统的监督学习模型的主要区别在于:目标标签赋予的是一个包,而不是包中的实例;多示例学习模型最多应用在分类问题上,它要求标记为负类的包中所有的实例均为负类,而标记为正类的包中仅需包含至少一个正类实例。有趣的是,多示例分类模型具有广泛的应用场景,如药物活动预测(Dietterich et al.,1997),股市预测(Maron et al.,1998)等。与多示例分类模型相对应的是多示例回归模型。它在一些时空大数据(如遥感数据)中具有典型应用。例如,在大气科学中,科学家采用卫星照片来估测一个地区局部的气溶胶光学厚度。气溶胶具有空间变异性小的特性,因此它通常在多达 $10\times10\ \text{km}^2$ 范围内维持一个几乎相同的光学厚度。而卫星传感图片具有高空间分辨率,图像中每一个像素覆盖的地区可以小到 $200\times200\ \text{m}^2$。这样,一个气溶胶光学厚度标签对应的包内可以包含多达 2 500 个像素实例,这些相邻的多光谱像素实例之间并不是统一均匀的,可能包含各种杂音从而体现许多变化。在这样的情况下,需要解决如何从多个像素映射的同一个空间参数关系对来建立多示例回归模型问题。

解决多示例分类或多示例回归问题的一类典型方法是以包内的每一个实例为粒度,将包的标签映射到实例级别,这样就可以使用传统的监督学习方法来解决。但这种方法的计算效率较低,没有充分利用包内各个实例之间具有的一定天然相关性。因此,需要结合相关性和包内实例的可变性等因素,设计多种高效的多示例学习算法。

在介绍算法之前,先以多示例回归问题为例给出其形式化定义:给定一个含有 B 个标签包的数据集合 $D=\{bag_i, i=1,\cdots,B\}$,其中 $bag_i=\{(x_{ij}, y_i), j=1,\cdots,|bag_i|\}$,$x_{ij}$ 表示 bag_i 中第 j 个实例的属性向量,y_i 是 bag_i 对应的包目标值,$|bag_i|$ 是该包中包含的实例数量。通常在实际应用中,一个包内的实例往往含有一些噪声。因此,定义一个包内的实例属性向量如式(6.12)所示

$$x_{ij}=P_i+\varepsilon_{ij} \tag{6.12}$$

式中,P_i 是包内的无噪声实例或者说是包代表实例,ε_{ij} 是遵循某种未知分布的属性噪声。多示例回归模型的目标是通过学习一个模型 f,它使得

$$y_i=f(P_i)+\sigma_i$$

式中,f 是一个回归函数,σ_i 代表均值为零的估测误差。

基于上述形式化定义介绍第一种算法——均值多示例学习算法。在该算法

中，每个包 bag_i 用一个代表实例(X_i, Y_i)表示，其中 X_i 是通过平均算子将包 bag_i 内所有实例的 $X_{ij}(j=1, \cdots, bin)$ 取平均值获得，bin 是包 bag_i 内含有的所有实例数。这样，均值多示例学习模型 f 将使用一组包代表实例$\{(X_i, Y_i), i=1, \cdots, |B|, |B|$表示包的个数$\}$组成训练集合。要预测一个测试包的标签，将利用包内所有实例的属性求平均得到 x，然后利用模型 $f(x)$ 求得预测的包标签。

当数据集合 D 中包含的实例数足够多，并且每一个包内所有实例的属性向量噪声均值为 0，即 $E[\varepsilon_{ij}]=0$ 时，均值多示例回归算法的估测效果将达到最优。这是因为随着包中实例数的增多，所有实例属性向量的平均值将趋近于包代表实例。而当包内所有实例的属性向量噪声均值不为 0 或者噪声分布具有长尾特征时，均值多示例回归算法的估测效果将不佳。

第二种算法为包代表多示例学习算法。该算法将从每个包中选择一个实例作为包代表实例进行学习。该算法基于一个假设：即每个包中含有一个代表性实例，而其他的实例可以通过代表性实例添加一定噪声获得。可以通过期望最大化(expectation maximization，EM)算法来发现包中的代表性实例，它分为 E 步骤和 M 步骤两步。在 E 步骤中，算法从每个包中选择具有最小回归估测误差的实例作为包代表实例；在 M 步骤中，将利用选出的包代表实例集合建立一个更新的估测模型。不断迭代上述两步，直至回归模型的估测误差不再降低为止。

第三种算法为修剪多示例学习算法。对于多示例学习问题，传统的基于每个实例的监督学习算法和上述的包代表多示例学习算法是两个不同粒度的学习方法。当实例的属性向量噪声很高时，基于每个实例的监督学习算法准确率就会明显下降。包代表多示例学习算法利用了一个敏感的迭代过程来寻找代表包的实例，当该算法并不能保证获得的代表实例一定是不受噪声影响或受很少噪声影响的实例。此外，在很多时空应用中，包中包含的实例都或多或少的含有噪声，因此存在这种不受噪声污染的代表性实例的假设不一定非常现实。最后，由于包代表多示例学习算法仅从一个包中选择一个代表性实例组成训练集合，因此训练集合的规模和覆盖度都非常有限，因此会限制学习复杂模型来做出准确的估测。

为了解决这些问题，可采用一种类似于期望最大化的过程，在每个 E 步骤中修剪掉一小部分具有最大噪声的实例；在 M 步骤中，可以根据剩余的实例来训练一个新的估测模型。以这种方式不断迭代，该过程逐渐去除噪声实例，同时利用剩余有效实例训练模型，直到新模型的估测精度不再提高为止。当模型稳定时，对一个包标签的回归由式(6.13)组成，其中 $|b_i|$ 表示包 b_i 中剩余的有效实例个数。

$$y_i = \text{mean}(\{f(x_{ij}), j=1, \cdots, |b_i|\}) \tag{6.13}$$

考虑到有可能不能去掉全部的噪声实例，因此也可用式(6.14)来估测一个包的标签。

$$y_i = \text{median}(\{f(x_{ij}), j=1, \cdots, |b_i|\}) \tag{6.14}$$

这样，估测准确率可由均方差来计算，如式(6.15)所示

$$MSE = \sum_{i}^{B} (y_i - \text{median}(\{f(x_{ij}), j = 1, \cdots, |b_i|\}))^2 \quad (6.15)$$

下面来研究如何界定噪声实例，主要有两种方法：全局修剪多示例学习算法和平衡修剪多示例学习算法。

(1)全局修剪多示例学习算法。该算法首先通过抽样获得训练数据集 $SD = \{(x_{ij}, y_i), i = 1, \cdots, B, j = 1, \cdots, B_i\}$，并基于它建立一个初始回归模型，然后将具有至少 $r\%$ 估测误差的实例去除，基于修建数据集再训练回归模型，上述过程不断重复直到学习收敛。

该算法的思想是在不同的包中的实例具有不同程度和性质的噪声，例如，在气溶胶光学厚度估测中，一些表面明亮的区域(如沙漠)具有较大的属性噪声，还有一些山区地形复杂，也具有较大的噪声和异质性，而对于浓密的森林，表面较暗，具有较小的属性噪声。在多云的天气条件下，遥感图片的局部区域也表现较大的属性噪声。从算法上看，全局修剪多示例学习算法依据一个统一的 $r\%$估测误差标准，因此对不同的包会进行不同程度的修剪。

(2)平衡修剪多示例学习算法。全局修剪多示例学习算法存在两个潜在的问题。①由于对不同的包存在不同程度的修剪，因此该算法从模型本质上看是倾向于存在较少噪声的纯净包。在极端情况下，可能会彻底修剪掉噪声包，这样会导致有用的训练数据丢失，对于准确估测不利。②类似于包代表多示例学习算法，全局修剪算法去除掉具有最高估测误差的实例是一种自我强化：即基于当前的估测模型在 E 步骤中修剪掉最难估测的实例，这样会导致下一轮建立的新估测模型与目前的估测模型同化，从而阻止了通过迭代，不断引入新的不同的训练实例，从而增强估测模型的可能性。这样，迭代终止获得的模型与第一轮建立的模型可能在估测能力上差别不会太大。

平衡修剪多示例学习算法旨在解决这两个问题。为了解决第一个问题，采用在每个 E 步骤从每个包中丢弃 $r\%$最具有噪声的实例；为了解决第二个问题，一个包中具有最大噪声的实例定义为估测与基于未修剪实例所建立的估测模型相差最远的实例。在修剪标准上这一细微的变化可确保算法不敏感于初始估测。

下列算法给出了平衡修剪多示例学习算法的详细步骤。

算法:Balanced Pruning-MIR

输入：$SD = \{bag_i, i = 1, \cdots, B\}$，其中 $bag_i = \{(x_{ij}, y_i), j = 1, \cdots, |bag_i|\}$。

输出：一个回归模型 $f(x)$

(初始 M 步骤)

基于 SD 训练模型 $f_{new}(x)$

算法(续)

```
根据式(6.5)计算 f_new(x) 的估测准确率指标 NewMSE
Do While
  OldMSE = NewMSE
  f_old(x) = f_new(x)
  (E 步骤)
  For every bag_i Do
      For every instance j in bag_i Do
          Score_ij = (f(x_ij)-median(bag_i))^2
              End for
在 bag_i 中去除掉 r% 具有最高 Score_ij 的实例
  End for
  (M 步骤)
  基于更新的包数据训练更新的模型 f_new(x)
  计算模型 f_new(x) 的估测准确率指标 NewMSE
Until  NewMSE < OldMSE 或者没有实例从上轮迭代产生的包中去除掉
回归模型 f(x) = f_old(x)
```

6.3.6 快速条件随机场回归模型

传统的回归问题求解模型是基于训练实例集合 $D=(x_i, y_i), i=1,\cdots,N$，$x_i \in X, y_i \in \mathbf{R}$，建立学习映射模型 $f: X \to \mathbf{R}$，使得能在给定一个属性向量 $\boldsymbol{x}$ 的基础上准确估算一个目标值 y。这种模型对于具有独立同分布(independently and identically distributed, IID)特征的数据有效。但在时空数据中，独立同分布假设常常不符合实际情况，相邻元素之间表现了较强的自相关性。在这种情况下，传统的基于独立同分布假设的监督学习方法可能导致较低的预测精度。

相应地，科学家提出了结构化的学习模型。在结构化学习中，需要构建模型映射 $f: X^N \to R^N$，即利用一个局部的所有输入来同时预测局部的所有输出。这样，如果相邻输出变量之间存在一定的依赖关系，结构化学习方法往往会获得比传统估测每一个独立变量的方法更为精准的估测结果。

在结构化学习方法中，最为常用的是马尔可夫随机场学习模型(Solberg et al., 1996)及近年来提出的条件随机场学习模型(conditional random fields, CRF)(Lafferty et al., 2001)。条件随机场最初是用于顺序数据的分类(Lafferty et al., 2001)。在回归问题上使用条件随机场(continuous conditional random fields, CCRF)的研究探索到目前为止还比较少。它最初是由 Qin 等(2008)提出，并用于文档检索。而后，Tappen 等(2007)使用条件随机场回归模型用于图像去噪，Radosavljevic 等(2010)使用条件随机场回归模型用于大气空间参数估测。

由于条件随机场模型计算复杂，因此传统模型中只在非常小的局部范围内对变量间的交互建模或者用均值来代表小的局部范围值，这样会损失一些交互信息，使得估测准确率不够高。而较大范围对变量充分建模的多连接条件随机场模型可以实现更准确的建模。但这种方法中，随着范围的增大，变量之间的交互急剧增多，学习多连接条件随机场模型的时间复杂度为 $O(N3)$ 规模。这样，当数据规模很大时，这种方法不能得到快速的计算。因此，科学家提出了各种条件随机场近似算法，如置信传播算法、图割算法、平均场近似理论等（Kolmogorov，2006；Payet et al.，2010；Toyoda et al.，2008）。但这些算法的时间复杂度仍为 $O(N2)$，只适用于中等规模以下的数据建模。

Ristovski 等(2013)提出了一种新的条件随机场快速近似回归计算方法。它具有时间复杂度为 $O(N)$ 的学习时间和测试时间。它利用快速高斯过滤方法来实现条件随机场回归模型的快速平均场近似。

第7章　时空大数据应用与挑战

随着信息行业及互联网的发展，时空大数据迅速发展，给我们带来了新的机遇和挑战。时空大数据有以下一些特点：①数据的产生并非是为了分析而收集，而是信息社会自动化产生，有着开放易获得的特点，通过应用程序接口(API)和爬虫技术采集，可获取各种海量数据源；②通过兴起的社交网络如微博等获得的数据同时也具有很强的交互性；③每时每刻都有大量新的网络数据发布，网络信息内容不断变化，导致了信息传播的时序相关性；④网络数据来自众多不同的网络用户，具有很高的噪声；⑤人类的各种社会互动、沟通设备、社交网络和传感器正在生成海量数据，这些数据有着多元异构高噪的特点。在时空大数据的分析方法上，有如下特点：①重发现不重实证，是在没有理论假设的前提下去预知社会和洞察趋势、规律；②重关系不重因果，问什么而不问为什么；③突发性，有些信息在传播过程中会在短时间内引起大量新的网络数据与信息的产生，并使相关的网络用户形成网络群体；④重预测，人们津津乐道的相关应用都是预知社会问题，而在任何行业，预见未来的能力都是企业的杀手锏，它用计算取代了依赖传统和直觉的生产方式；⑤反映社会，网络上用户根据自己的需要和喜好发布、回复或转发信息，因而网络数据成了对社会状态的直接反映。

时空大数据自身和其分析的特点，使得它能够通过充分搜集疾病发生的时空关系，结合环境等其他因素建模分析，从而实现对疾病的预测与提升医疗服务；或是对各行各业在生产运营中产生的海量数据进行分析，加强企业对自身运营的了解，提出改善建议，提升效率。城市每天产生大量的地理、气象、交通运输等自然信息和经济、社会、文化、人口等人文社会信息，对这些数据进行挖掘可以为城市规划提供强大的决策支持，强化城市管理服务。而针对真实世界里的一切都在迅速被数据化的现状，结合时空大数据也对社会科学研究有着巨大的帮助。但是，时空大数据高噪声、多元异构的特点也给数据的挖掘和利用带来了很大的难度，不仅数据格式众多、缺乏统一标准，现有的存储结构和处理设备已经很难保证满足数量巨大的时空大数据的需求，对时空大数据的清洗、提取等预处理工作就更加难以展开了，这也阻碍了时空大数据应用的发展。而时空大数据重关系而不重因果的特点也给大数据的分析提出了挑战。此外，时空大数据与用户的位置信息高度相关，又往往附带着用户的个人信息，因而可以用来分析和研究用户的个人喜好等隐私信息，这使得如何保障数据的安全、平衡对数据的应用和对用户隐私的保护上还有待研究发展。

7.1 时空大数据典型应用

时空大数据的应用范围十分广泛，在很多方面都有成功的应用。大数据能得到如此广泛的应用，与其自身的优势息息相关。计算机科学在大数据出现之前，非常依赖模型及算法。人们如果想要得到精准的结论，需要建立模型来描述问题，需要理顺逻辑，理解因果，设计精妙的算法来得出接近现实的结论。因此，一个问题能否得到最好的解决，取决于建模是否合理，各种算法的效率成为决定成败的关键。然而，大数据的出现彻底改变了人们对建模和算法的依赖。即便缺乏精准的算法，只要拥有足够多的数据，也能得到接近事实的结论。数据因此而被誉为新的生产力。此外，对于大数据来说不需要了解具体的因果关系就能够得出结论，当数据量足够大时，计算机可以在不了解问题逻辑的情况下提供可靠的结果。而大数据技术处理多种数据结构，大大降低了对数据的结构要求，这使得大数据能够充分利用互联网上记录的人类行为数据进行分析。

本书前面章节谈到时空大数据在这些方面的应用：协助公安部门预防犯罪；帮助企业提高营销的目的性，降低仓储和物流的成本，降低投资的风险，以及让企业更精确的投放广告；帮助电商公司了解用户需求和反馈，向用户推荐各种服务和产品；帮助医疗机构对患者进行疾病风险跟踪，提高医药企业药品的临床使用效果，帮助艾滋病研究机构为患者提供定制的药物；解决人们道路出行问题，分析挖掘车辆的运行状况以及人流的移动规律，可以实现对交通状况的跟踪和实时预报。

除本书已经谈及的这些应用外，时空大数据在以下方面还有着广泛的应用：

(1)人文社科。以“大数据”为代表的数据资源相对于数字文本、数字文献等数字信息资源，来源更加广泛，数据粒度更小，记录单元更加碎片化，结构更加多元化，各类依托计算机存储媒介数字学术资源的开发，基于复杂运算和分析的计算机模拟与实证，基于事实与证据的商业预测与案件证据推理等研究议题广泛兴起，从根本上改变了人文知识的获取、标注、比较、取样、阐释与表现方式。

(2)社会管理。通过对地理、气象、交通运输等自然信息和经济、社会、文化、人口等人文社会信息的挖掘，可以为城市规划提供强大的决策支持，强化城市管理服务的科学性和前瞻性。其中交通管理是通过对道路交通信息的实时挖掘，实现对路径引导的优化，快速响应突发状况，为城市交通的良性运转提供科学的决策依据，解决日趋恶化的城市整体交通拥堵状况。

(3)经济。既可以应用大数据分析报告实施产业信贷风险控制，也可以利用在精准营销方面依据客户消费习惯、地理位置、消费时间进行推荐，利用金融行业全局数据了解业务运营薄弱点，利用大数据分析技术加快内部数据处理速度，在产品设计上，利用大数据计算技术为财富客户推荐产品，利用客户行为数据设计满足客户需求的金融产品。

(4)医疗健康。主要是疾病预测与医疗，通过对相关数据进行分析和建模，除了医疗检测和医师诊断，还充分考虑到大数据分析结果，对海量数据进行分析并获得深刻的洞见。

下面介绍时空大数据在这些方面的几个成功应用的案例。

7.1.1　社交网络应用

截至 2014 年 12 月，我国网民规模达 6.49 亿，互联网普及率为 47.9%(见图 7.1)。同样，中国的社交网络用户数也很多。2013 年末，腾讯即时通信服务月活跃账户数达 8.08 亿，即时通信服务最高同时在线账户数达 1.80 亿，微信和 WeChat 的合并月活跃账户数达 3.55 亿，QQ 空间月活跃账户数达 6.25 亿。这些海量的用户在不停地产生包括博文、评论、图片、日志、视频等各种数据。同时，随着移动智能设备的普及，定位技术不断多样化，GPS 等获取位置信息的手段技术不断成熟，使得不管是在户外或者室内的环境下，用户都能够通过采用不同的定位技术或智能设备来获取其位置信息。越来越多的社交网络公司通过利用用户的位置信息开发新的应用，社交网络应用借助 GPS 设备记录用户轨迹数据，通过“签到”应用分享位置信息，如微博、人人和街旁等，挖掘这些共享的位置信息可以推测用户的出行规律，进而为用户推荐兴趣热点。

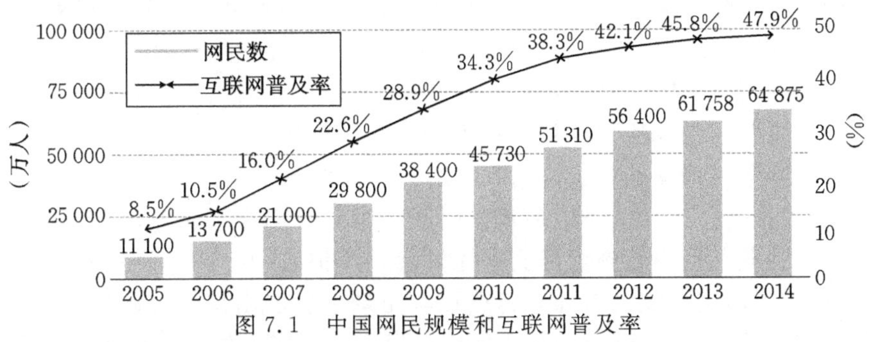

图 7.1　中国网民规模和互联网普及率

大量的时空相关的数据通过与位置相关的社交网络应用产生并累积，这些数据既有大数据的一般特征，又有其自身的独特特点。用户在社交网络上的数据不仅数量巨大，而且彼此间可能相关性较弱，而这一系列的数据所组成的轨迹，结合用户在社交网络上发布的文字、图片等其他内容，可以挖掘出其背后隐藏的用户的生活模式、喜好等信息。这些信息不仅可以给人们的生活带来便利，也可以让商家更为精准地投放广告、推荐产品，进而获利，因而具有很高的商业价值。同时，这些数据涉及用户生活中的方方面面，又有很高的隐私性，其安全需要得到足够的重视。在社交网络上对时空大数据的挖掘工作主要是用户的位置命名、位置预测和位置推荐，需要考虑到数据规模、数据稀疏性、多源数据融合和分布不均匀性等问题。数据稀疏性是指时空大数据的来源是大量的用户，但将这些数据分摊到每个用户身上，人均涵盖的数据量却很稀少，因此要通过如此稀疏的数据去学习人们的生活模式和偏好是有难度的；另外，社交网站是以社交为目的，因此在社交网络上用户往往填写了较为详细的相关信息，如年龄、住址、工作、教育情况、偏好等内容，在不同类型的社交网络上用户的属性信息可能会有差别，如何正确地认识这些偏差，获取用户这些多样化的额外信息来协助空间数据的分析也是研究的难点之一。时空大数据在社交网络上的应用可以归纳为如下几点（连德富，2014）：

（1）位置命名问题。体现为从物理位置到兴趣点位置的映射问题，而机器学习中的排序学习能够自动根据用户当前位置提供合适时机的语义名字以解决这一问题。位置命名框架是基于位置命名的本地搜索，并通过用户的时空偏好模型来实现。时空偏好模型结合了排序学习算法三个部分的模型，即用户偏好模型、空间偏好模型和时间偏好模型。可以通过排序优化的协同过滤来克服用户个人数据的稀疏性，融合来自社交网络中的社交关系需要为排序优化的目标添加相近性约束。

（2）探索预测。转化一个二分类问题来预测下一个访问的位置是否是他们以前从未访问过的位置。通过三类特征，即历史特征、基于时间的特征和基于空间的特征来反映人们追求新奇的个性特质并体现人们追求新奇的状态。在探索预测问题中，融合位置预测和位置推荐可以由协同探索周期回归的位置预测模型来实现，稀疏性给位置预测带来的影响可以由相似用户的行为模式来缓解。此外，根据预测结果的不同，可以采用不同的算法预测用户的位置，在进行探索时借助推荐算法找到结果，并推荐和其活动区域相近的可能感兴趣的位置；当预测结果为回归时，通过常规的位置预测算法找到其最有可能出现的地方。另外，采用不均匀的先验分布做贝叶斯学习以减轻位置访问频率的不均匀性的影响。

（3）位置推荐。采用基于地理建模内嵌的矩阵分解模型来解决用户兴趣点矩阵的稀疏性问题。用户签到数据能够提供隐式反馈，兴趣点推荐由加权矩阵分解实现，使用用户活动区域向量和兴趣点影响向量来扩展由矩阵分解所得到的兴趣点隐向量和用户点隐向量，空间聚集效应可以由二维密度估计的角度来刻画。

时空大数据的应用可以给用户带来更好的社交体验，通过各种应用模式搜集的用户生活中的时空数据，结合用户的个人信息，可以很好地将用户的位置、兴趣、喜好、意愿和基本属性等进行综合分析，预见用户的需求从而达到既满足用户需要又创造商业价值的双赢。

7.1.2　交通运输应用

道路交通状况是大众出行关心的重点问题。随着城市的快速发展，城市人口迅速增加，机动车规模日益扩大，由此引发的交通拥堵给人们出行带来许多的困扰，已经成为在城市发展中产生的“城市病”。我国的大城市，如上海、广州、北京等，主要道路上的车辆在高峰时段的平均速度仅有 15～18 km/h，北京的居民平均每天有多达 1 381.8 万人次出行受到交通拥堵影响。城市交通和城市规划等职能部门的很多学者，从宏观到微观角度，提出了诸多缓解交通拥堵的措施：从空间规划的角度，提出调整城市土地利用方式、建设步行友好城市等手段；从城市建设的角度，提出新建道路、拓宽现有道路、优化城市路网结构、改进十字路口信号灯设置等措施；从需求管理的角度，实行车辆限购、限行等交通需求管理等。尽管这些措施在短期内对于改善局部交通状况有一定的作用，但想要从根本上解决日趋恶化的城市整体交通拥堵状况，需要从其他层面，尤其是技术创新的角度来考虑如何解决城市交通拥堵问题。缓解城市交通拥堵新的技术思路是利用时空大数据技术来分析车辆的运行状况和人流的移动规律，以实现对交通状况的监控和对路径引导的优化。

交通拥堵政策是一种面向社会群体的普适公共政策，其核心目标是：通过规划手段改变建成环境，例如土地利用、交通设施、出行环境等，通过交通管理改变交通服务（公共交通服务等），或直接通过需求管理等来改变个人出行选择（如改变出行时间、出行路线、出行交通模式选择等），进而减少城市总的交通拥堵水平（程豪，2014）。在交通拥堵政策中，规划属于长期效应政策，交通管理与需求管理是短期效应政策。在智能交通的领域，大数据方法主要被应用于交通管理和需求管理，主要包括交通运行监测与拥堵数据采集、交通诱导、拥堵实时评价与应对、提高公交服务等方面。智能交通中涉及了海量的数据，其中既具有大数据的一般特征：数据量巨大、数据类型多样、数据流动快，也具有其自身独特的属性：时空特性、易变性和个人信息私密性等特征，如何合理地应用这些交通信息是解决问题的关键之一。借助 Hadoop 等工具建设交通信息服务系统，同时设计一种分布式诱导交通流分配方法，这样，通过对现有时空大数据的分析，可以在已知城市路网数据集的条件下达到兼顾交通诱导和优化交通流分配。同时，设计获取城市路网数据集的搜索算法，用来获取城市交通的时空大数据。这样一来，以此架构起来的交通服务系统能够根据实际出行需求，兼顾优化城市路网交通流分配的目标，向用户提供分布式交通诱导服务。此外，运用交通流、用户最优均衡理论和系统最优均衡理论分析大数据在交通诱导信息系统中的应用。时空大数据对于交通运输还有以下几点作用：一是如何建立交通诱导系统及改善交通诱导系统；二是在交通流量判断、拥堵实时评价和大数据在交通拥堵收费等方面都可以发挥重要作用；三是通过分析大数据，对公共交通运行与服务水平进行实时、准确的监控；最后，在对时空大数据的存储和处理上建设一体化的交通监测与需求管理系统。

依据 1952 年 Wardrop 提出的交通流网络平衡原理，利用时空大数据可以实现对交通诱导系统的改善。交通流网络平衡原理的第一原理是：网络上交通的分布方式是所有使用的路线都比没有使用的路线费用少，即每一个道路使用者为减少其出行时间都试图改变路径，用户均衡就是所有的道路使用者都选择到其认为的理想路径(最少出行时间路径)道路交通网络所处的状态。使用者在没有达到平衡状态时会不停变换路径直至各条被使用的径路具有相等而且最小的行驶时间；没有被使用的径路的行驶时间大于或等于最小行驶时间。第二原理是：车辆在网络上的分布使得网络上所有车辆的总出行时间最小，此平衡是交通管理者的政策干扰和道路使用者的行为决策之间相互作用的结果，该平衡也叫系统最优均衡。第一原理反映的是建立在每个道路用户使其自身出行时间最小化的行为基础之上的道路用户选择路线的一种行为准则，结果是单个用户的实际路径选择；第二原理反映的是交通管理者(政府)通过政策干预用户的交通选择。系统最优均衡是交通诱导的基础。在具体应用中，交通管理部门通过对交通拥堵状况进行评判，发布交通信息(如主干路上的路况提示牌)对交通流中的个体用户进行行为诱导，诱导其变更出行线路、出行方式或出行时间，以减小交通拥堵进一步恶化的可能性，从而达到城市整体出行成本最小的状态，缓解交通拥堵。依此，设计出以路网上交通总阻抗(总成本)最小为优化目标的数学模型，并设计交通诱导技术的技术流程(见图 7.2)(赵鹏军，2014)。

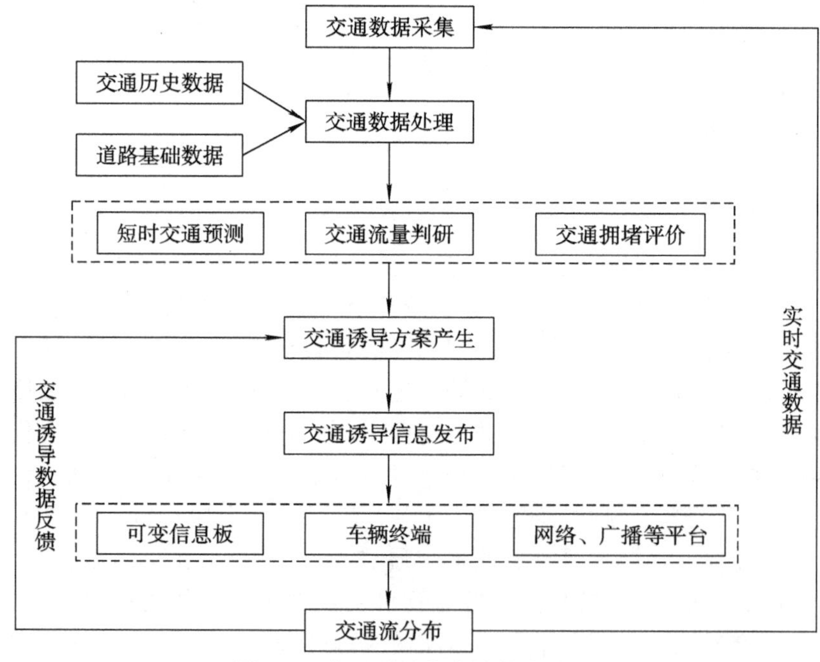

图 7.2　交通诱导技术的技术流程

交通诱导是一个实时动态的过程。交通运行数据的收集是交通诱导系统的前提，因此，首先需要通过各种技术手段获取即时的交通运行数据；其次，在交通运行数据库的支持下，即时评价交通拥堵状况，并运用模型方法进行短时交通预测；然后，借助交通拥堵评价形成交通诱导方案，并向交通参与者提供交通信息服务，通过道路上可变信息标志等方式发布诱导信息；再通过对交通流数据的监测，反馈交通诱导的效果，对以前的交通诱导方案进行调整和优化。一个完整的交通诱导系统主要由交通流量、行程时间数据库、城市道路系统基础数据库、交通流信息采集与处理子系统、车辆定位子系统、交通信息服务子系统、行车路线优化子系统和交通诱导效果反馈子系统等组成。

在交通运行监测和交通数据采集上，传统的交通诱导技术存在两个问题：第一，难以覆盖全部城市道路。目前我国大多数城市，只在若干快速路和城市主干路上覆盖了交通流信息实时检测系统，而这并不能将路网的交通状况完整反映，这就给评价与预测城市交通系统最优均衡带来了困难，而且在信息不完全的情况下交通诱导也存在很大的局限性。第二，出于数据采集和存储技术以及对成本的考虑，对交通信息的采集通常采用随机取样的方法，虽然随着随机性的增加，采样分析的精确性也会随之增加，但是与样本数量的增加并无紧密联系。第三，传统交通诱导技术的主要数据（如视频监测数据）多数是模拟数据而非数字数据，模拟数据可以实时传送但却难以存储，这就难以被直接用来进行交通模拟与措施评价。而使用时空大数据则具有以下优点：

（1）大数据注重交通运输的全体数据而非只是少量样本的监测，其监测对象主要包括道路情况、交通设施使用情况、交通服务（如公交准点率）等，用电子牌照技术收集道路上车辆的运行数据，并建立交通模型，在云计算的支持下直接评价道路拥挤状况。

（2）对出行数据的采集更倾向于微观和具体，主要体现在移动式的交通信息采集是以人为对象进行交通数据的采集。

（3）在数据处理上，交通数据由原来单一的静态数据集拓展至静态与动态结合的多源数据，除了对原有的模拟数据收集技术进行更新，还在图像处理技术上进行信息化，有效减少数据存储成本，弥补在交通监测领域视频车辆监测技术应用的不足。

（4）大数据对交通领域相关的非结构化数据进行收集，通过对蕴含人们出行行为和出行偏好的各种文档、社交网络、Web 点击流等的分析，间接得出城市内居民出行的时空状况。

（5）时空大数据能够依据不同的时空维度进行数据的采集和处理。

由此可以看出，通过对城市交通产生的海量交通信息进行分析，采用大数据技术处理海量数据，利用大数据方法和云计算构建全样本的交通运行监测与模拟系统，建设拥堵实时评价系统和完善交通诱导系统，并在现实的道路交通中进行合理的诱导，能够有效缓解日益加剧的城市拥堵。

7.1.3 公共卫生与医疗应用

流行病的传播规律有明显的时间和空间特征，它可以只在某些地区发生，也可能全球爆发。只要条件允许，流行病能在短时间内迅速蔓延，造成广泛影响，危害巨大并造成严重损失。所以，对流行病的早期监测和预警十分必要。近年来我国通过在医疗卫生领域吸纳很多国内外的先进技术，大大提高了信息化程度。如今已经构建了 20 余个国家核心业务信息系统，如覆盖全国的网络直报系统。全国 98%的县及县级以上医院和 91%的乡镇卫生院已连通了法定传染病网络直报系统，实现了对法定传染病个案的实时、在线报告，记载并存储了传染病个案信息。我国卫生统计已经建起了从业人员达 10 万人的覆盖国家、省级、地级、县级、乡级、村级六级的工作网络，通过统计直报系统，有 90 余万家医疗卫生机构向系统上报其年报及月报，并建立了动态的医疗卫生机构、卫生人力等信息库，卫生资源与卫生服务利用，疾病报告与健康监测等大型数据资源库。然而，随着系统的不断发展和完善，国家疾病预防控制信息系统已经存储了 9 000 余万条数据，并且以每年近 1 000 万条的数据增长，如何高效地存储和管理这些数据成为亟待解决的问题(周光华，2013)。

疾病监测中的有机联系监测人、地点和时间三个要素是尤为重要的，公共卫生的主要研究对象是在一定环境下的人群及疾病分布，而一定的环境条件制约着人的生活环境和活动范围，人群疾病的发生更是受周围环境的影响。因此，公众卫生领域的研究本身紧密结合着地理环境因素。应用时空大数据挖掘技术研究疾病数据的时空分布特征，探讨疾病的流行区域、流行特征和流行周期，可以为公共卫生问题、卫生突发事件提供信息咨询和应对策略。时空大数据在公共卫生和医疗领域的应用主要包括以下三个方面(武继磊，2003)：

(1)人群疾病的时空分布规律。通过时空大数据来认识人群疾病发生的时间和空间的分布规律，或者疾病的发生风险以及在时间和空间上的分布状态。要研究人群中的疾病现象和健康状态，作为环境组成要素的人群，其疾病现象与健康、环境紧密相连。在空间上，环境要素表现出区域间的差异性，环境的影响一方面是影响疾病发生的风险，如各种人群疾病的发生与扩散；另一方面也影响人群本身的免疫抵抗能力。研究人群疾病的时空规律分析，要研究疾病的发病机制，也需要研究传播媒介及人群的暴露强度、持续时间等因素。

(2)疾病成因分析。疾病成因分析即分析导致疾病发生的危险因子。随着人们对健康概念认识的不断深化，健康与疾病是由多因子作用所决定的这一共识已被肯定。疾病的危险因子是指使疾病发生可能性增加的因素；而病因是危险因子的数量增多，性质恶化到一定程度的产物。由此可以看出，对疾病的危险因子的研究是疾病成因研究的重要组成部分。人类作为环境的组成部分，周围环境对健康状态的影响是时刻存在的。环境的异常包括自然环境异常和社会环境异常，自然环境异常如自然环境中的矿物质或者某一类化学元素含量缺乏或者过多，社会环境异常如社会经济等因素导致的心理压力过大或者不平衡。疾病的产生就表现为这些环境的异常引起人体的不适应或者应激反应超出了人体承受限度。通过空间数据分析技术来对人群生存环境进行分析，可以在一定程度上有效揭示某些疾病发生的原因或者危险因子。

(3)疾病的预防和控制。疾病的预防和控制是指在疾病发生前，通过认识人群疾病发生的时空规律或者确定疾病发生的危险因素，采取患者隔离、疫苗接种、医疗资源有效配给、风险人群的回避等手段对疾病进行防御。其中，疾病预防和控制的前提是分析疾病发生的时空趋势，而疾病预防和控制需要医疗资源的有效分配作为保障。近年来，公共卫生领域研究的热点之一就是地理公平性，即对医疗资源的有效分配。分析人群疾病发生的规律或者疾病成因，是为了对人群疾病的预防与干预。对人群疾病空间分布和风险人群分布进行医疗资源空间优化配置等问题的产生是由于医疗设施等医疗资源不能够满足人群中发生疾病的监测与干预存在长期性等特点。目前医疗资源的配置方案出发点包括两个方面：一是地理可达度的公平性(geographically fair)，即一定区域的人在给定时间内获得有效医疗的条件是平等的；二是干预区域的侧重性(regional emphases)，由于区域人群的发病一般具有一定的特点，在有效医疗资源的条件下，应有重点地将医疗资源投入到最大化消除人群疾病、取得最佳健康效益的区域。采取多目标空间资源优化配置模型对医疗资源进行配置，使得人群公平地获得医疗资源分配，而医疗资源配给又能优先保障疾病高发区。

还可以从公共卫生的数据需求出发，建立以云计算数据中心为基础，搭建大数据存储、分析、管理的基础数据平台，以及对大量数据进行分布式处理的集群应用环境，定制开发包括业务管理、数据分析和运行管理的应用系统，实现与现有监测管理服务业务系统、人群社会化活动的公共服务系统动态联接，获取结构化、半结构化和非结构化数据，通过时实运算，动态支持公共卫生管理与服务的信息需求与信息消费(马家奇，2014)。其技术框架如图 7.3 所示。

在公共卫生方面，依据传染病实时监测信息，结合历史疫情大数据，建立科学实用、敏感特异、适用基层的传染病预警体系，能够显著提高中国传染病疫情监测的预警能力，并在传染病暴发、流行的早期能够及时发现并采取快速的应对措施，从而减少传染病对人民健康和社会经济发展造成的影响。在医疗领域，借助我国已经建设完成的传染病网络直报系统和现有的时空大数据，可以建立以地区为单位的传染病预警系统全面监测疫情，通过对搜集的海量与疾病相关的时空大数据进行分析，不仅能够为医学工作者在研究区域性疾病的发病机理时提供部分空间分析思路，也可以为疾病成因分析提供新思路。

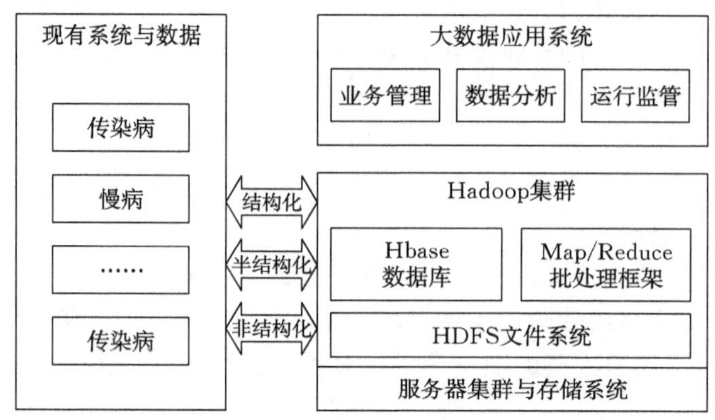

图 7.3 大数据医疗应用架构

7.1.4 地质灾害监测与预防应用

近些年来，我国的地质灾害呈现加剧趋势，滑坡、崩塌、泥石流等灾害“点多面广”，严重危害人民群众的生命财产安全，影响经济的全面可持续发展。我国的地质灾害数据主要有以下“五多”特点：多来源、多类别、多方法、多时段和多主题。“多来源”指数据来源于不同单位的调查及研究；“多类别”指数据的种类较多，有1∶10 万调查数据、1∶5 万调查数据，还有年度排查巡查数据等；“多方法”指获取数据的工作方法较多，有地面调查，还有遥感、测绘、勘察等；“多时段”指获取数据的时间点不统一，跨度 1998—2010 年；“多主题”指数据内容很丰富，有调查表、图件、文档和影像资料等。十几年来，国土资源部、中国地质调查局和各省国土部门相继开展了不同精度的地质灾害调查工作，获得了大量的基础数据，包括：①调查表，7 个灾种 24 万余个灾害点的调查表；②图件，2 020 个调查县及 30 个省的地质灾害分布图、地质灾害易发程度分区图、地质灾害防治区划图等专业图件；③文档，202 个县的调查报告、防灾预案和 30 个省的地质灾害调查综合研究报告等；④影像，24 万余个灾害点的近 40 万张照片和几十 GB 的视频资料等(房浩，2014)。考虑到面对海量的地质数据，传统的资料管理手段和人工作业方式，在现势性、准确性、科学性和效率性方面已不能适应目前地质灾害防治的需要，特别是灾害应急工作的需要，更不能满足将来的发展需求。地质灾害数据中包含了大量的时间和空间信息，通过分析可以对将要发生的地质灾害进行有效的监测和预防。拿地震来说，作为一种常见的地质灾害，其发生并非完全随机，而是有一定的规律性：在空间分布上，地震大多发生在板块的边界或活动块体的边界带上；在时间分布上则常具有丛集性、活跃与平静交错等特性。通过加大在指定规划、决策方面的政府支持力度，以对海量时空数据的分析处理为基础，开发具有成果浏览、灾点查询、资源检索、数据统计和综合评价等功能的地质灾害信息管理系统，为地质灾害防治工作质量、效率和管理水平的提高奠定基础，有利于地质灾害防治水平和能力加强和提升。

依据待实现的系统各部分功能模块，从软件开发角度总体上将地质灾害信息管理系统分为数据导入、存储管理与应用展示三部分，各个部分之间虽然在设计相对独立，但能由数据接口进行统一关联(图 7.4)。其中各个部分的功能分配如下：①数据导入部分基于数据量及文件的特性，利用二进制流压缩并实现数据传输的高速稳定，使得数据在高速传输的同时具有安全性及准确性；②存储管理部分通过分布式的空间及属性数据库进行分类存储，并在存储过程、触发器、索引及视图实现等方面对数据进行编辑管理；③展示应用部分能够在三维平台上展示作为背景条件的地质环境和地质灾害点相关信息并输出专题图，根据用户需要构建并绘制图形与报表。在逻辑结构上，系统分为基础数据层、数据引擎层、业务逻辑层和实际应用层，每一层都有单独的处理机制。其中，①基础数据层位于最底部，存储各种属性数据并依据访问权限提供访问数据的接口；②数据引擎层主要是利用关键技术来访问或执行数据层的操作；③业务逻辑层针对业务需求建立各种业务操作函数库及业务逻辑接口，如基础服务类库与应用服务类库；④实际应用层通常是客户端的应用软件，如客户端桌面展示系统或基于浏览器的展示系统。

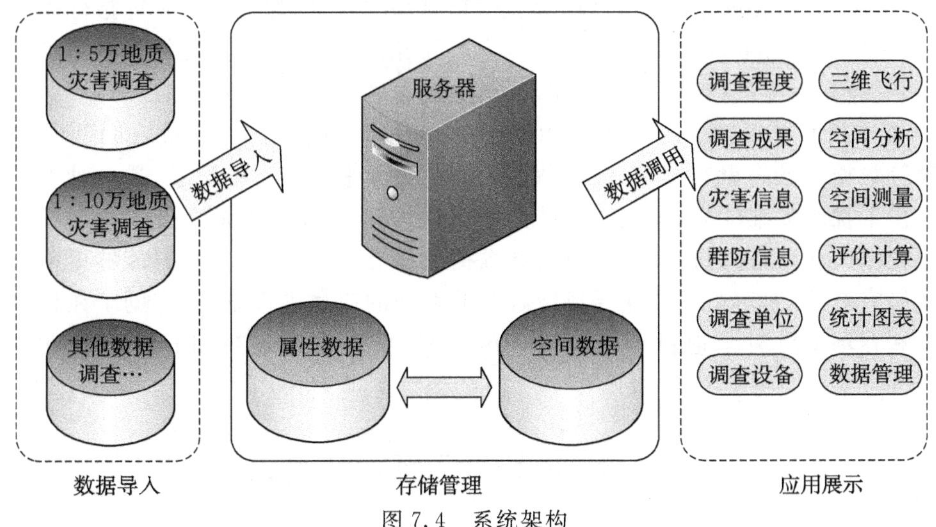

图 7.4　系统架构

7.1.5　竞技体育应用

时空大数据技术已被引入到竞技体育中，用于提高运动员的比赛成绩。

科学技术在竞技体育方面的作用越来越得到重视，无论是群众体育还是竞技体育，都有一个加强创新的问题，特别是在竞技体育方面，在高水平竞技体育的激烈竞争中，科技的力量和作用已显得越来越突出。当前世界高水平的体育竞争在一定程度上取决于参赛国综合实力的强弱和科学技术水平的发达程度。科学技术向运动训练和比赛中的渗透，以及体育科技的创新已成为提高竞技体育运动水平的关键。通过对海量大数据的挖掘，人们能够从中提取出许多有价值的信息。早在1994年，IBM公司就将大数据应用与体育紧密地结合起来。在竞技体育的应用上，运用人工智能技术获得从体育实践中产生的大量数据，再通过数据挖掘与机器学习技术探索其中的模式和知识。例如，网球比赛中涉及大量的数据，标志球员竞技水平的关键指标如一发成功率、一发得分率和Ace球；体现了球员的打法特点的发球速度、接发球成功率、上网成功率、得分点等，如果非受迫性失误和双发失误率上升，那表明球员的心理状态或者体力开始下滑。2005年，IBM追踪了网球四大满贯赛事八年来全部8 128场比赛，平均每场比赛都收集约4 100万个数据点，并构建运用了约5 500个分析模型对这些数据进行分析。其中的一些结果，如对小威廉姆斯来说，要战胜莎拉波娃，接对方一发的回球得分率要争取超过36%；而莎拉波娃要打败小威廉姆斯，接对方一发的回球得分率要争取超过28%（贺鑫森，2014）。

大数据获取技术和挖掘技术的进步为时空大数据在体育科学研究中运用提供了技术基础。而建立在总体研究基础上的体育科学研究所取得的效果是显而易见的。“可穿戴”设备的兴起使大规模记录和分析人类的行为、位置、生理指标成为现实，运用这些设备可以记录运动员在赛场上的各种信息，获取充足的各项比赛信息数据。2013年9月，美国Stats LLC公司将体感追踪技术安装在NBA 2013—2014赛季所有球场中。这项技术能够记录并追踪速度、距离、球员之间间隔以及控球等数据。最为重要的是，这些数据是研究对象平常状态的记录，是一种不受无关变量干扰的多维度数据融合，这些数据将成为研究和提升球员在球场上表现的重要数据。此外，大数据时代不再强调数据的精准性，全面性的数据能够更精准地把握研究对象，而对运动员在赛场上各种非直观的信息进行分析，有助于在日常的训练和赛场上更科学地指导运动员，有利于比赛成绩的提高和竞技体育事业的发展。

7.2 时空大数据面临的挑战

大数据具有巨大的优势，但也存在一些缺陷：首先是大数据具有多元异构高噪的特点，这是由于数据来自众多不同的网络用户，各种社会互动、沟通设备、社交网络和传感器都是其数据来源，使得数据具有很高的噪声；此外，大数据重发现而非实证、重关系而非因果的特点，一方面有利于对数据的分析、趋势的洞察，但可能导致数据的分析结果出现偏离；大数据复杂的分析过程和难以理解的分析结果会制约各行各业从大数据中获取知识的能力，大数据分析结果的可视化呈现，将是大数据管理易用性方面要解决的重要问题；高能耗也是制约大数据快速发展的另一个瓶颈，据 2012 年的资料显示，谷歌数据中心的年电功率约为 3 亿瓦，脸书为 6 000 万瓦左右。最令人惊讶的是，在这些巨大能耗中，实际只有 6%～12%的电能是真正用于响应用户查询请求的，绝大部分电能则是被用来确保系统服务器处于正常待机状态，以应对突如其来的用户查询网络流量高峰；数据真实性和可靠性也面临严重挑战，不是数据越多越好，最难的是要大海捞针，把真实有用的数据提取出来。数据如果不真实，将导致分析走向错误的方向。现阶段的分析手段和存储结构也在一定程度上限制了对大数据的应用。

本书前面章节谈到时空大数据本身也存在着一些缺陷：①在大数据采集技术方面，由于互联网技术的迅速发展，万维网信息的爆炸式增长，集中式网络爬虫采集信息的速度和规模已经难以满足实际应用的需要。②数据预处理方面，考虑到大数据庞大的数据量，对数据的清洗和变换会耗费大量的时间，加重了应用的负担和开销；对大数据的预处理，特别是对其核心技术的预处理，可能会造成有效数据的丢失进而影响数据完整性和价值。③在大数据存储及管理技术方面，目前为止世界上并没有一个比较统一的存储接口标准，而且国内并没有出现相关的比较成熟的服务。④在大数据分析技术方面，数据日趋庞大，易出现性能瓶颈，用户的应用和分析结果呈整合趋势，对实时性和响应时间的要求越来越高，很多传统的方法无法应对大数据，而使用的模型越来越复杂，计算量呈指数级上升等。⑤在大数据硬件平台方面，传统的方法无法解决大数据的备份及还原问题，大多数的大数据平台架构基于 Hadoop，没有形成支持大数据平台的完整体系。

正由于存在以上的种种不足，时空大数据在成功应用于生活的各个方面的同时也暴露出了一些问题：一是数据安全和隐私保护问题，由于时空大数据包含着用户的隐私和其他敏感信息，不恰当的使用会给用户带来严重的威胁；二是由于数据来源多样，时空大数据的格式不尽相同，这给时空大数据应用带来了一些阻碍，如何整合、清洗和转换不同来源的时空数据还需要进一步的研究和规范。

7.2.1　时空大数据的安全与隐私保护

时空大数据不但能给人们带来巨大收益，也同时带来了个人信息泄露的危险。隐私问题长久以来一直困扰着人们，然而大量事实表明，倘若时空大数据未被妥善处理将会对用户的隐私造成极大的侵害。因为时空大数据不但直接包含用户隐私信息，也隐含了用户的健康状况、个性习惯、社会地位等其他敏感信息。时空大数据的不恰当使用，会给用户各方面隐私带来严重的威胁。尤其在云计算的环境中，用户和与其相关的信息都相对更集中，出现隐私泄漏或安全问题所产生的后果与风险，以及其波及的范围都要比在传统环境下产生问题的后果高出很多。人们常常自发地将自己的行为隐藏以达到保护隐私的目的，但随着云计算和时空大数据的应用越来越广，特别当智能手机等带有定位功能的移动设备越来越普及，更多更详细的数据在云端产生和存储，这是用户所无法控制的。

时空大数据的安全涉及基础设施安全（计算、存储）、数据安全、用户认证及访问管理、虚拟化安全、物理安全（机房、设备）、数据传输安全、应用安全、内容安全、密钥分配及管理、灾备与恢复等诸多安全层面，因此，其同时涉及多种安全技术，需要在各个层面上加强安全防范措施。

数据的隐私保护，主要存在以下三个方面的问题（孟小峰，2013）。

（1）隐性的数据暴露。有时候人们有意识地将自己的行为隐藏起来，从而试图达到隐私保护的目的。但是社交网络的出现，使得人们在不同地点、不同时段产生越来越多的数据足迹。这样的数据足迹具有高度累积性和极强关联性，单个地点的信息可能不会暴露用户的任何隐私，但是若有办法将某个人的诸多行为数据汇集在一起，其隐私就很可能会暴露，并且这种隐性的数据暴露往往是个人无法预知和控制的。从技术层面讲，可以通过数据抽取和集成来实现对个人隐私的获取。而在现实中，通过“人肉搜索”的方式往往能更快速地得到准确结果，这种搜索方式的实质就是众包（crowdsourcing）。可见大数据时代的隐私保护面临着人力与技术层面的双重考验。

（2）数据公开与隐私保护的矛盾。若仅为了保护隐私就将所有的数据都加以隐藏，那么数据的价值根本无法体现。数据公开是必要的，政府可以从公开的数据中来了解整个国民经济社会的运行情况，从而更好地指导社会的运转；企业则可以从公开的数据中了解客户的行为习惯，进而推出针对性的产品和服务，以达到最大化其利益的目的；研究者则可以利用公开的数据，从社会、技术、经济等不同的角度来进行研究。因此大数据时代的隐私性主要体现在不暴露用户敏感信息的同时进行高效的数据挖掘，这有别于传统信息安全领域更加关注文件的私密性等安全属性的特点。统计型数据库数据研究中最早开展的数据隐私性技术研究，近年来成为相关领域的研究热点，很多学者开始致力于保护隐私的数据挖掘（privacy preserving data mining）。其主要集中于研究新型的数据发布技术，尝试在最大化地隐藏用户隐私的同时尽可能多地获取数据信息。但是隐私和数据信息量之间是有矛盾的，因此，如今尚未出现非常完美的解决办法。差分隐私保护技术可能是解决数据挖掘中隐私保护问题的一个方向，但是这项技术离实际的应用还差很远。

（3）数据动态性。大数据时代数据的快速变化不但要求有新的数据处理技术及时应对，也给隐私保护带来了新的挑战。现有的隐私保护技术主要基于静态数据集，但现实中数据内容和数据模式都时刻在发生着变化。所以，在这种复杂的环境下实现隐私保护动态和数据的利用将更具挑战。

人们不仅仅面临着个人隐私泄漏的威胁，还有基于大数据对人们状态和行为的预测的种种冲击，如通过对用户的位置轨迹记录分析结合用户资料信息，发掘其活动倾向、消费习惯及喜好等。

时空大数据的安全和隐私保护问题不只关系到开发者及厂商使用现有的云计算架构来存储和处理其所持有的大量位置相关的数据，也关系到用户个人是否愿意把其移动数据提交给各类型基于位置信息的应用和智能交通、智能城市等分析系统，进而为人们日常生活创造更多的便利。

由于时空大数据用途多种多样，内容交叉冗余，经典的基于“知情与同意”或匿名的隐私保护方法不再能够全面地保护用户隐私安全。因为目前用户数据的收集、存储、管理与使用等方面均缺乏规范及监管，仅仅依靠企业的自律。并且，因为时空大数据的搜集往往要求存在连续或者大量的记录信息的原因，用户无法准确地确定自己的哪些具体信息已被记录获取，更不知相关信息的具体用途，大数据尚未应用到的用途无法提前告诉用户，企业也无法估计和承担发现位置大数据创新性用途后通知每个用户并请求用户同意再进行使用的成本。因此，“知情与同意”的保护方法要么限制对位置大数据进行有价值的挖掘，要么无法完全地保护个人隐私；匿名保护不能很好地达到隐私保护的目标是因为尽管企业公开发布的信息经过了匿名处理已经不包含用户的标识符，但是由于位置大数据来源众多，这些数据之间可以相互补充，结合其他的数据源，其中的某些信息可以被准确地定位到具体个人。因此，时空大数据隐私保护技术需要考虑以下几个具有挑战性的问题：

1. 如何度量用户敏感信息的泄露程度(王璐，2014)

一般认定时空大数据的隐私是移动对象对自己位置数据的控制。在大数据时代，时空数据的来源极为广泛，若将时空大数据包含的移动对象不同时刻的位置信息与用户自身的背景知识相结合，会泄露用户的行为习惯、健康状况、社会地位等诸多敏感信息。例如：观察到用户经常出现在医院附近，可以推测出用户大致的健康状况；考虑用户轨迹开始和结束的地点，可以推测出用户的家庭住址、工作地点等私密信息。此外，尽管加速度传感器等收集到的信息仅仅包含一部分位置信息，但通过一些分析方法也可以让攻击者有效推测用户的行为模式。

隐私保护技术的早期研究阶段并没有专门针对时空大数据的保护进行研究，对时空大数据的保护与其他数据一样，主要通过对数据进行分类并提供访问控制列表等策略从而避免不可信对象获得和应用用户的位置信息。此后，针对时空大数据隐私保护的研究主要集中于怎样避免向攻击者发送移动对象某一时刻的精确位置，位置 k 匿名等这类技术的典型方法大多基于单点位置的启发式隐私度量。但随着时空大数据隐私保护技术的进一步发展，人们开始意识到轨迹信息包含用户的移动在时间上的相关性，于是保护用户轨迹信息的方法受到重视。因为位置之间在时间上的相关性难以把握的原因，一些基于轨迹的启发式隐私度量方法(如将位置数据随机化的方法、对空间数据的模糊化方法和对时间数据的模糊化方法)被提出。大数据时代提供可以量化的时空大数据的隐私保护效果是十分必要的。

因此，从信息论的角度来说，基于概率推测的时空大数据隐私保护方法给出了位置隐私完整的度量方式，量化每个时空数据暴露的用户隐私。同时，基于隐私信息检索的位置大数据隐私保护技术提供了对隐私的完美保护。

时空大数据隐私的攻击模型使用统一度量方法来描述对时空大数据隐私的攻击效果，不同攻击方法得到的效果由根据发布后的时空大数据能够提供给攻击者多少用户处于某敏感位置的信息增益来刻画。攻击者收集的用户时空数据是包含了用户时空数据的集合，根据已知的时空数据，攻击者可以通过推测用户在某一时刻处于某个敏感位置的概率，来推测用户的部分隐私信息。可以在这种度量模型下给定怎样的隐私保护技术才能够称为完美隐私技术？

2. 如何实现对时空大数据隐私全面的保护

时空大数据的隐私保护主要分为用户的位置隐私和位置轨迹的保护。

用户的位置隐私旨在阻止攻击者获知用户当前或过去的位置，避免用户的位置被追踪。位置隐私信息主要由位置信息和标识信息组成。位置信息描述个体或团体的行踪；标识信息表示用户的静态属性或某种特征，用来唯一标识一个用户。位置隐私保护的方法根据组成位置隐私信息的两类信息来进行分类。一类方法是将用户的标识信息完全暴露给服务器，而将用户位置信息进行隐藏，即将用户的位置信息模糊化后提供给服务器，以达到位置隐私保护的目的；另一类方法是向服务器提供准确的用户位置信息，从而得到高质量的服务信息，并将用户的标识信息（如匿名、假名等）进行隐藏。此外，如果发送的信息在传递到服务器之前就被恶意的攻击者截取，那么恶意攻击者就会获得用户的具体位置信息。当该用户再次提出服务请求时，请求信息同样也可能被再一次截取。攻击者通过连续的截取某个用户的位置信息，可以将该用户不同时刻的位置信息串联起来，最终得到该用户在这段时间内的运动轨迹。一旦得到用户的运动轨迹，恶意的攻击者就能根据用户的运动轨迹来推测用户的行为模式等，从而严重威胁了用户的隐私。因此，如何保护用户的轨迹隐私亦是一个值得研究的问题。其主要方法是通过阻止攻击者长时间对用户进行观察，使其无法获得用户在一段时间内的轨迹，进而达到保护时空大数据隐私的目的（魏琼，2008）。

对位置数据的保护，主要方法有：

（1）身份保护法。将用户的真实 ID 信息与用户的时空数据（如位置信息等）分开，如 k 匿名技术。主要思想是使在某个位置的用户至少有 k 个，这 k 个用户之间不能通过 ID 来相互区别。即使某个用户的位置信息被恶意的攻击者获取，恶意的攻击者也不能准确地从 k 个用户中定位到该用户。 假名是匿名的一种特殊类型，每个用户使用一个假名来隐藏真实 ID。恶意的攻击者虽然可能从服务器端得到用户的准确位置信息，但却不能准确地将位置信息与用户的真实 ID 信息相联系，增加了定位某个具体用户的难度，进而达到保护用户位置隐私的目的。Beresford

和 Stajano 提出了一种重要的身份保护方法——混合区域(mix zone)。该方法定义了两种区域类型:应用区域和混合区域。这两种类型的区域都是一个空间区域。在应用区域中,用户提出服务请求并接收服务信息;但在混合区域中,用户没有任何通信,这种方法的有效性在于用户使用假名,且用户使用同一个假名不能超过一定的时间。例如用户在进入混合区域之前使用某一个假名而出混合区域时使用另一个不同的假名。由于用户在混合区域中没有任何通信,增加了将用户前后使用的假名关联起来的难度,从而达到保护用户信息的目的。尽管匿名和假名技术是隐藏用户真实 ID 信息的重要技术,但这类方法仍存在一定的缺陷,特别是在涉及时空大数据应用领域上。为从海量信息中得到用户感兴趣的信息,数据挖掘技术已经得到了充分发展。成熟的数据挖掘技术可以比较容易地根据用户所在位置准确地推测出用户的标识信息,因此匿名和假名技术都会受到数据挖掘技术高速发展的威胁。此外,匿名给身份验证和个性化带来了障碍,而矛盾的是,如今大量应用却要求身份验证和个性化,所以在位置隐私保护研究中采用匿名技术并不是最好的选择。

(2)位置信息保护法。成熟的数据挖掘技术可以比较容易地根据用户所在位置准确地推测出用户的标识信息,匿名技术并不能充分地保护位置隐私。因此,另一类位置隐私保护方法受到了极大关注。这类方法允许服务器知道用户的真实 ID 信息,转换角度,通过降低用户位置信息的准确度来保护位置隐私。位置隐私保护方法大致可以分为三类:①区域化位置信息。此方法将用户的准确位置用包含该位置的空间区域来替代。这个空间区域可以根据 k 匿名的思想来构造,例如用户提供给服务器的位置区域不仅需要包含该用户的准确位置,而且该区域至少包含 k 个移动用户。由于服务器并不知道用户在该区域中的哪个位置,服务器必须确定选取该区域中的哪些位置点作为参考点进行查询处理,这增加了服务器的负载及服务器反应时间,同时也降低了整体服务质量。②路标对象。即用户发送给服务器的不再是自身的准确位置信息,而是某个路标或某个重要对象的位置信息。这样虽保护了用户的位置隐私,但需要用户从服务器返回的服务信息中判断哪些才是真正感兴趣的信息,增加了客户端的负载。③错误的或假的位置信息。在这类方法中,用户发送多个不同的位置信息给服务器,却只有一个是该用户的准确位置,其他的都是错误的或假的位置信息。因此,即使服务器上某个用户的位置信息被恶意的攻击者获取,也不能根据这些位置信息准确地推测该用户的位置。但由于每个用户每次都提供多个位置信息给服务器,增加了服务器处理服务请求的时间,还增加了服务器的空间开销,同时要求移动客户端具有判断服务信息准确性的能力。另外,上述的三种位置隐私保护的研究均是集中在隐藏单个用户的位置信息。

尽管上述技术在小规模基于位置的服务中有实用价值,但是在实际的基于位置的数据库服务器上的应用价值是值得怀疑的。因为这些技术缺少两个主要性能：①可伸缩性。一个典型的基于位置的服务应用中，存在大量的并发用户，所以可伸缩的位置隐私保护技术是必要的。②查询处理。为保护用户的位置隐私，基于位置的数据库服务器不能直接获取用户的准确位置信息，因此服务器必须根据得到的模糊位置信息，使用高效的查询处理。采用位置信息保护方法来实现用户的位置隐私保护，使得存储在服务器上的用户位置信息都是不准确的数据。怎样对这些冗余数据进行快速准确的查询是位置隐私保护领域的另一个重要问题。基于位置的服务系统不仅要满足对用户的位置信息提供隐私保护，还需要为用户提供准确高效的服务。Mokbel 提出了一种可以处理大量并发用户位置隐私保护问题的方法，该方法综合了区域化位置信息和 k 匿名两种方法的思想并引入了一个第三方 —— 位置匿名器。用户的准确位置信息在发送给服务器之前，位置匿名器首先利用 k 匿名的思想将用户的准确位置信息替换成一个空间区域，且使得该用户在此空间区域内至少不能与其他的$(k-1)$个用户区别开来。与此同时，服务器端设置了一个能够处理空间区域查询的处理器，根据位置匿名器提供给服务器的空间区域进行查询，随后将查询结果候选集返回给用户。该方法保证返回给用户的结果包含其真正感兴趣的信息且候选集尽可能小。虽然该方法的提出解决了位置隐私保护存在的问题，但同时也对服务器端的处理能力提出了更高的要求。另一方面，服务信息的实时性也是衡量基于位置的服务质量的一个重要标准。提出服务请求的移动用户的位置可能会随时间发生变化，这就要求提供用户位置变化的服务器返回用户的服务信息也要及时做出相应的变化，因此，服务器需要具有适应服务请求者位置经常发生改变及保证实时性的能力。

位置隐私保护方法保护的是用户某一个时刻的位置信息，而这些方法都建立在假设用户发送到服务器的请求信息是不会被截取的。因此，这些方法不能直接用来保护用户的多个连续位置信息。而在基于位置的服务中，怎样避免用户的位置被追踪也十分重要。因为当用户向服务器提出服务请求时，用户需要向服务器发送请求信息。如果发送的信息在传递到服务器之前就被恶意的攻击者截取，那么其就会获得用户的准确位置信息。当该用户再次提出服务请求时，请求信息同样也可能被再次截取。通过连续地截取某个用户的位置信息，恶意的攻击者可以将该用户在不同时刻的位置信息连接起来，最终得到该用户在这段时间内的运动轨迹。因此，如何保护用户的轨迹隐私也是在基于位置的服务中一个值得研究的问题。目前，对移动用户轨迹隐私保护的研究仍处于起步阶段。已有的方法集中在切断用户的两个或多个位置的可连接性，并通过增加连接用户多个位置的难度来保护轨迹隐私。一旦用户的位置信息被连接起来，就会对用户的隐私造成极大的威胁。因为在目前的轨迹隐私保护方法中没有哪种方法能改变——恶意攻击者得到的一定是移动用户正确的轨迹信息这一事实。试想，倘若攻击者获取的不是移动用户正确的轨迹信息，那么即使他得到了大量信息数据，也不能准确地推测出移动用户的行为模式或是对移动用户进行某种攻击。综上所述，使得攻击者不能获取移动用户正确的轨迹将是轨迹隐私保护技术的另一个核心研究方向。

保护时空大数据的隐私，还需要加强在存储和应用上的管理。用户在商业化场景中应有权决定自己的信息如何被利用，实现用户可控的隐私保护。例如，用户可以决定自己的信息何时以何种形式披露，何时被销毁，包括：数据采集时的隐私保护，如数据精度处理；数据共享、发布时的隐私保护，如数据的匿名处理、人工加扰等；数据分析时的隐私保护；数据生命周期的隐私保护；隐私数据可信销毁等。主要的方法有如下四种（贾哲，2012）。

(1)加密与密钥管理技术。在采用合理的加密算法和密钥安全的情况下，该方法能够极大程度地保护数据的安全。数据加密算法主要包括对称加密和公钥加密。对称加密的优点主要有：计算开销小、加密速度快、安全性好；但在用户很多、分布很广时分发和管理不便。公钥加密优点是加密强度高，但加密和解密的速度较慢，复杂度高。因此，对于分布式存储的大数据，常常通过对称密码加密信息，而用公钥密码传递对称密码中的密钥。但是，由于加密数据的可操作性和可查询性较低，导致很多计算必须要进行解密操作后才能进行，因此在实际应用中具有一定的局限性。

(2)安全多方计算技术(secure multi-party computation，SMC)。SMC 是解决一组互不信任的参与方之间保护隐私的协同计算问题，SMC 要确保输入的独立性，计算的正确性，同时不泄露各输入值给参与计算的其他成员。各参与方只能获得计算结果，无法获得其他参与方的输入信息。在实际应用中，往往采用设置一个需要各方联合计算的函数来实现。这种方法虽然能够保护隐私，但也有局限性，由于在模块和协议中采用了大量的加解密计算和消息传递，所以在实际应用中需要协调其安全性和效率。

(3)秘密共享技术。指将隐私拆分成 n 个碎片交由 n 个不同的人进行保管；如果要重构秘密，只有不少于 t 个人的碎片同时进行秘密恢复才行。举例说明秘密共享的使用方法：将核心数据作为秘密进行分片，存储在不同的服务器上，数据查询者只有获得大于 t 个的服务器的权限才能对秘密进行重构，从而保障数据的安全。

(4)身份认证和访问控制技术。用于确保对不同的用户群的访问管理。为了保证数据的安全性，主要通过网络对用户身份和合法性进行确认，从而对无权限的用户或攻击者进行甄别。通过口令核对之类的认证技术来确认身份，然后由此限定其对数据的访问范围。但是，时空大数据往往需要支持对数量巨大、权限级别众多的用户的访问，如何进行统一的认证管理及解决大量用户访问带来的开销，都值得进一步研究。

3. 如何兼顾隐私保护的程度和基于位置服务的可用性

传统的位置隐私保护方法(如基于加密的方法等)无法在隐私的保护程度和可用性之间做出权衡:如没有考虑对用户敏感信息泄露的度量问题,不能实现对位置隐私的全面保护等。当前,时空大数据隐私保护技术主要针对不同程度的隐私需求,来权衡隐私保护效果和服务可用性。

时空大数据隐私保护技术需要在兼顾服务的可用性以及开销的同时保护用户位置的隐私。主要从以下三个方面度量时空大数据隐私保护技术的性能:①隐私保护程度。这通常由隐私保护技术的披露风险来反映,隐私保护程度越高,披露风险就越小。②服务的可用性。这里主要是指发布位置信息的准确度和及时性,它反映通过隐私保护技术处理后用户获得的基于位置数据的服务质量。通常,提高隐私保护程度会降低服务的可用性,需要在服务的可用性与隐私保护程度之间做取舍。③开销。预计算和运行时发生的存储和计算代价是时空大数据隐私保护技术的主要开销。存储代价主要发生在预计算时。预计算的代价一般在选择隐私保护技术时是被忽略的,因为其在现有技术中通常是可以接受的。根据时空大数据隐私保护技术的特点,一般利用 CPU 时间及文件块访问次数的时间复杂度来度量运行时的计算代价。例如,基于启发式隐私度量和基于概率推测的时空大数据隐私保护技术一般使用时间复杂度来度量开销,基于隐私信息检索的时空大数据隐私保护技术通常使用文件块的访问次数的时间复杂度来度量开销。表 7.1 是几种时空大数据隐私保护的优缺点对比。

表 7.1 时空大数据隐私保护的优缺点对比

	身份保护法	位置信息保护法
代表技术	k 匿名技术	发送多个不同的位置信息给服务器;将用户的准确位置用一个包含该用户的准确位置的空间区域来替代
主要优点	实现简单,计算开销中等	较有效地阻止通过数据挖掘技术推测出用户的信息;在规模较小的应用中很有价值
主要缺点	位置解析度失真,会受到基于数据特征推测的攻击	额外增加了服务器或客户端的负载和反应时间;在可伸缩性和查询处理上存在待解决的技术问题

4. 未来展望

在大数据时代,获取到的位置信息也越来越多样化,获取信息的渠道越来越多,类型也不限于单一的位置数据。下面从位置数据与非位置数据相结合、移动社交网络以及背景知识攻击这三个方面介绍未来的位置大数据的隐私保护技术(王璐,2014)。

1)位置数据与非位置数据结合的位置大数据的隐私保护技术

大数据时代,攻击者可以从多种渠道获得包括用户和其位置数据相关的其他类型数据，并结合位置数据共同推测用户的隐私信息。此时，在位置数据与非位置数据之间使用用户的个性或者行为模式进行匹配，成为联系位置数据与非位置数据的通用方法。可以通过如下方式定义位置数据与非位置数据相结合的位置大数据隐私：

设 $P=\{p_1,\cdots,p_n\}$ 为从某个角度对用户个性的度量，如 P 可以是从对商品喜好角度对用户个性的度量，这时，p_i 表示一个用户对编号为 i 的物品的喜好程度。同时，$L=\{l_1,\cdots,l_m\}$ 为攻击者收集的用户的位置数据，考虑一个偏好函数 F 将某个用户的 L 映射为对用户个性的度量 P。如果攻击者可以收集到相同角度度量用户个性的数据 $X=\{x_1,\cdots,x_n\}$，其中，x_i 表示某个用户对编号为 i 的商品的喜好程度。这种攻击方式一样可以纳入 7.1 节中介绍的位置大数据的统一攻击模型。用 $U_i^{t'}$ 表示某个用户 i 在 t' 时刻的位置数据与 x_i 匹配成功，用 L_i^t 表示用户 i 到 t 时刻为止发布的位置数据，在任何时刻 t，为了避免攻击者获得用户位置信息后推测用户的敏感信息(如身份)，位置数据与非位置数据相结合的位置大数据隐私一样可以如式(7.1) 所示。

$$P\{U_i^{t'} \mid L_t\} - P\{U_i^{t'}\} \tag{7.1}$$

其中，先验概率与后验概率的计算既与攻击者收集到的用户的历史数据有关，同时还与由用户的位置信息映射成的个性向量与用户的位置信息构成的个性向量之间的匹配难度有关。攻击者收集到不同用户的位置数据的差异性，是匹配成功的主要难度所在，可以由式(7.2)来表示。

$$d_{\min} = \min p_i, p_j \in P \mid \{k \mid p_{i,k} \,!\, = p_{j,k}, k \in (1, |p_i|)\} \mid \tag{7.2}$$

式中，$d_{\min}$ 表示任意不同用户的位置数据映射到用户个性向量 p_i 和 p_j 不同的元素个数的最小值，它代表了最接近的两个向量的差异程度。显然，$d_{\min}$ 较大时，不同的用户之间很好区分；当 $d_{\min}$ 较少时，区分就会变得困难，甚至不可能。

根据以上内容，位置数据与非位置数据相结合后，进行隐私保护的研究还有许多重要问题需要解决。在大数据时代，包含了用户的行为模式信息的位置大数据的类型还有很多，它们会导致用户位置大数据隐私的泄露。

例如，超市的购物数据包含了用户对各种商品的喜好，攻击者可以根据这些喜好匹配一些明显的行为模式。Narayanan 等将 NetFlix 发布的匿名数据集通过与购物数据相关联进行反匿名化的方法，提出了将用户的位置数据集合 $\{L_i : L_i = [l_1,\cdots,l_n]\}$，其中，$l_j$ 代表匿名用户 i 在时刻 j 的位置映射为该用户对各种商品的喜好程度 $P=\{p_1,\cdots,p_n\}$(其中，p_i 表示该用户对编号为 i 的商品的喜好程度)，并结合使用由商场购物信息得到的用户的偏好向量集合 $\{X_i : X_i = [x_1,\cdots,x_n]\}$ 来确定每个匿名用户与商场购物信息中的用户的匹配程度，其中，x_{ij} 表示用户 i 对商品 j 的偏好程度。计算每个用户经过位置数据映射后的个性向量与攻击者收集到的不同用户的个性向量之间的差异度，然后进行匹配。差异度最小的匿名用户数据与商场购物数据匹配成功。如果若干匿名用户的个性向量之间差异不可区分，则匹配失败。

为了保护位置数据与非位置数据结合后位置大数据的隐私，本书认为，位置大数据隐私保护方法的设计者应注重研究用户位置与行为模式之间的映射关系。其主要目的是设法降低攻击者根据从匿名用户位置推测出的个性向量与攻击者收集到的不同用户之间的个性向量的匹配程度。这与以下两个因素有关：

(1)随着匿名用户的位置数据增多，其映射成的偏好程度向量会变得准确；反之，偏好程度向量会变得模糊。

(2)匿名用户偏好程度的向量变得准确，映射后不可区分的个性向量会变少，有利于与攻击者收集到的个性向量进行匹配；反之，不可区分的匿名数据数量会增多。

因此，本书认为保护用户的位置大数据隐私的关键在于尽量让映射后的个性向量变得模糊，当然前提要确保服务可用。可以从两个方面入手：一方面减少用户发布的位置数据的数量，这相当于减少了映射后的个性向量的信息量；另一方面降低用户的位置数据中的元素映射成有效个性向量中元素的能力。但是，仍有一个具有挑战性的问题，针对不同应用的特点，如何在减少位置数据规模的同时保持基于位置服务的准确性。

2)移动社交网络中位置大数据的隐私

大数据时代的新应用移动社交网络，为位置数据与文本、图片和用户个人信息进行了自然的结合，为攻击者和隐私保护者提供了新的问题。在移动社交网络中，用户的位置信息与用户的身份信息显式地结合，如在移动社交网络的签到服务中，用户将自己的位置和自己的标识通过带有定位功能的移动设备发布在社交网络中。

移动社交网络上，位置大数据的隐私保护问题是前面提到的位置数据与非位置数据结合的位置大数据隐私问题的特例，因此，其上的隐私同样可以使用统一的 θ 隐私来度量。

当前，移动社交网络上位置大数据的隐私保护的研究还处于初级阶段，通过对数据进行隐私等级的分类是当前的主要保护手段。然后通过访问控制策略防止攻击者访问敏感位置数据。此外，最新的研究试图将单一位置大数据隐私保护方法应用到移动社交网络中，提出了 k 匿名的轨迹隐私保护方法及概率推测的方法。从使用访问控制策略的方法到对单点的位置保护，逐渐发展到对历史位置数据的保护，这些方法的提出顺序与单一位置数据进行保护的方法的发展过程类相似。其采用的技术大多是已有方法的变种，但是由于研究时间短，在移动社交网络中，还有大量针对单一位置数据的位置大数据的隐私保护方法没有得到应用。

本书认为，未来位置大数据的隐私保护技术的重要组成部分是针对移动社交网络的位置大数据的隐私保护技术。未来位置大数据的隐私保护技术的研究方向是:考虑移动社交网络中用户相关的位置数据与非位置数据之间的关系,并防止攻击者利用该关系推测用户的敏感信息。

3)针对背景知识的位置大数据隐私保护技术

现有的基于概率推测的位置大数据隐私保护技术假设攻击者对用户的背景知识的掌握是固定的。然而在大数据时代,由于可以持续地收集用户的历史数据,所以攻击者具备学习用户背景知识的能力。这时,现有的基于概率推测的位置大数据隐私保护技术不能有效地保护用户的位置隐私。尽管目前差分隐私主要针对离线数据,不能直接应用于位置大数据的隐私保护,但差分隐私仍是迄今为止针对攻击者的先验知识进行普遍保护的最有效的技术。本书认为,将差分隐私保护技术应用到位置大数据隐私保护技术中,是未来有潜力的研究方向。差分隐私中位置大数据的攻击模型:

如果 L_t 是攻击者收集到 t 时刻之前的历史位置数据,表示用户在 t' 时刻处于敏感位置 S_i,按照差分隐私的定义,那么当前位置数据满足差分隐私条件可以被发布;否则,不能直接发布或需要经过某种变换机制才能进行发布。注意到,只要令 $\varepsilon = -\log(\theta)$,差分隐私即满足式(7.1)中位置大数据的隐私中的 θ 隐私。

当前,差分隐私的研究主要集中在如何添加假数据干扰分析结果,主要的技术包括针对数据类型是整数的 laplace 机制、针对数据类型是浮点数的 exponential 机制以及它们在性能上的改进 geometric 机制。虽然差分隐私在数据分析上的应用很多,但还没有针对位置大数据的研究。虽然目前为止差分隐私的研究已经涉及与位置数据有关的特定多维索引四叉树,但还没有提出能够满足位置大数据的隐私保护技术。

本书认为,将差分隐私保护技术应用到位置大数据隐私保护中是具有广阔前景的研究方向。一方面因为差分隐私对于攻击者背景知识的假设十分保守;另一方面大数据时代攻击者获取背景知识的渠道和途径十分广泛。

7.2.2　时空大数据的标准化问题

时空数据结构复杂且来源多样,数据挖掘研究很重要的一部分就是整合、清洗和转换不同来源的时空数据。

继物联网、云计算、移动互联网之后,大数据成了信息技术融合应用的新焦点。作为信息产业持续高速增长的新引擎,将引发各领域、各行业生产模式、商业模式、管理模式的变革和创新,继而对经济社会发展及人们生活方式产生深刻影响。

大数据有以下几个重要特点:多源异构;分布广泛;动态增长;大数据与传统数据管理最大的不同就是先有数据后有模式,正是这些使得大数据时代的时空数据管理面临着新的挑战。

随着经济全球化的不断深入，大数据标准化已成为各国促进大数据产业发展的重要措施。研究和建立一套比较完整的大数据技术标准体系对政府宏观指导和促进大数据发展、规范大数据行业竞争、大数据技术和产品的更新换代，有效推进大数据标准化工作等都有重要的意义。

传统的数据集成中也会遇到数据标准化的问题，但是在大数据时代这种异构性出现了新的变化。主要体现在三个方面：①数据类型从以结构化数据为主转向结构化、半结构化、非结构化三者的融合。②数据产生方式的多样性带来的数据源变化。传统的电子数据主要产生于服务器或者个人电脑，而这些设备的位置是相对固定。然而，随着移动终端的快速发展，手机、平板电脑、GPS 等产生的数据量呈现爆炸式增长，更为重要的是，移动终端产生的数据带有很明显的时空特性。③数据存储方式的变化。传统数据主要存储在关系数据库中；但是为了应对数据爆炸，越来越多的数据开始采用新的数据存储方式。如存储在 HDFS 中。这就必然要求在集成的过程中进行数据转换，而这种转换的过程是非常复杂和难以管理的。国内外大数据标准化工作尚处于起步阶段，尚未形成一套公认的、完整的大数据标准体系，绝大多数的大数据标准化工作尚处于标准的需求分析和研究探讨阶段(孟小峰，2013)。国内外大数据相关标准研究组织主要包括：ISO/IEC JTC1/SC32(数据管理和交换)、全球网络存储工业协会(Storage Networking Industry Association，SNIA)、云安全联盟(Cloud Security Alliance，CSA)、加州大学圣地亚哥分校大规模数据系统研究中心等。在全国信息技术标准化技术委员会的主持下，国内大数据相关标准研究组织持续开展数据标准化工作：主要在元数据、数据库、数据建模、数据交换与管理等领域推动相关标准的研制与应用(肖筱华，2014)。

时空大数据的标准化除了包含大数据标准化的一般特点外，由于其与地理信息紧密相关，又有着其独有的显著特点。时空大数据管理也是一大难点：一方面，因为时空大数据的对象是空间对象，有很强的时空特性，获取数据的手段也复杂多样，这就形成多种多样的原始数据。另一方面，如今很多针对时空大数据的应用很长一段时间处于以自身为中心的孤立发展状态中，很多时空大数据的存储或管理系统都有自己的数据格式、类型。

数据管理是一项非常重要和严肃的业务，数据的完整和安全是至关重要的。时空大数据必须解决地理信息数据多格式、数据集成等瓶颈问题，才能实现真正意义上的共享。地理数据多元性主要体现在以下几方面：①多语义性。同一个地理信息单元对应着如地理位置、政区界限、海拔高度、人口等各种语义。②多尺度性。由于地理信息往往根据系统需要，采用不同尺度对地理空间进行表达，而不同的观察尺度具有不同的比例尺和不同的精度。③空间参考系不一致。有的基于地理坐标，有的基于高斯、墨卡托等投影坐标。④数据类型多元性。数据源包含矢量数据、DEM 数据、网格数据、像素数据、影像数据、地名数据、大地数据，图形、声音、视频之类的多媒体数据等多种数据类型；⑤不同时期的地理数据还具有多时态特征(刘晓蕊,2007)。

先讨论时空大数据的元数据的标准化,再解决时空大数据的标准化问题。元数据通俗的定义为:关于数据的数据(data about data),它描述了数据的内容、质量、状况和其他描述数据特征内容的信息。经过多年的研究和应用,元数据已经从简单的数据描述和索引,发展成为用于管理数据、发现数据和使用数据的一种重要工具。它既应用于帮助用户了解基础地理信息,也开始应用于基础地理数据的生产与管理的全过程(郭容寰,2007)。

元数据还能帮助所有者有效地管理和维护时空大数据:例如,提供有关数据存储、数据分类、数据质量、数据内容、数据交换等方面的信息以便查询检索、便于数据的处理和转换等功能。

元数据概念引入基础地理数据生产单位,就应当与基础地理数据的生产、加工、处理、生产管理、质量检查、数据入库、用户的查询应用等环节紧密结合。①在生产管理部门:有效辅助管理和维护空间数据,发现和分配空间数据更新任务。②在数据生产部门:保证数据维护和更新人员准确无误地获得空间数据,并在此过程中生成相应的元数据。③在质检部门:质检过程中形成的质量报告是组成元数据的重要内容。④在地理信息数据管理部门:主要通过元数据系统保证数据的一致性和完好性,而不仅仅是为满足用户查询基础地理信息元数据而建立该系统(胡雪莲,2003)。

目前,国内外已经制定了许多元数据标准,除了对共性的问题作了具体的描述外,这些标准还允许使用者对其进行一定的扩充。这些标准中都规定了对元数据的扩展内容和扩展原则。通过对时空大数据的产生、存储和应用,以及对国内外元数据标准体系的研究。可以发现,如果能将时空大数据的生产过程与管理和元数据的生产过程同步,之后在各个不同的环节中,各个部门维护不同的元数据项;这样元数据就能在时空大数据的生产和管理的各个环节流通,从而发挥对生产过程的管理和数据标准化的控制作用。

在时空大数据的标准化方面,如今尚未形成统一的或普遍使用的标准,相关的研究工作也还在不断地进行中。随着云计算和分布式计算在地理信息领域的推广和普及,时空大数据必然会在今后的研究中发挥越来越重要的作用,时空大数据的标准化问题如果不加以解决,将会在很大程度上阻碍时空大数据共享和应用的发展。因此,亟须相关产业与研究机构制定出合理的时空大数据的标准。

参考文献

边馥苓,1996. GIS 地理信息系统原理和方法[M]. 北京:测绘出版社.

边馥苓,2008. 空间信息导论[M]. 北京:测绘出版社.

边馥苓, 2009. 论我国地理信息产业、人才现状与存在问题[J]. 地理信息世界,7(5): 29-34.

边馥苓,2011a. 数字工程的原理与方法[M]. 北京:测绘出版社.

边馥苓,2011b. 用数字的眼光看世界:数字技术、数字地球、数字文化漫谈[M]. 武汉:武汉大学出版社.

陈崇成,林剑峰,吴小竹,等,2013. 基于 NoSQL 的海量空间数据云存储与服务方法[J]. 地球信息科学学报,15(2): 166-174.

陈绍宽,韦伟,毛保华,等,2013. 基于改进时空 Moran's *I* 指数的道路交通状态特征分析[J]. 物理学报,62(14):519-525.

程豪,2014. 基于 Hadoop 的交通大数据计算应用研究[D]. 西安:长安大学.

邸凯昌,2001. 空间数据挖掘和知识发现[M]. 武汉:武汉大学出版社.

丁守哲,2012. 基于云计算的建筑设计行业信息系统开发模式与实现技术研究[D]. 合肥:合肥工业大学.

房浩,李媛,杨旭东,等,2014. 基于大数据的全国地质灾害信息管理系统研究[J]. 安徽农业科学,42(14):4478-4482.

龚玺,裴韬,孙嘉,等, 2011. 时空轨迹聚类方法研究进展[J]. 地理科学进展,30(5): 522-534.

郭容寰, 毛炜青,2007. 基础地理信息元数据的管理和应用[J]. 测绘与空间地理信息,30(3): 75-78.

郝忠孝,2010. 时空数据库查询与推理[M]. 北京: 科学出版社.

贺鑫森,王岗,朱罗敬,2014. 大数据时代体育科学研究思维的变革[J]. 体育文化导刊,2014(9): 29-32.

胡雪莲,孙永军,2003. 基于地理空间概念的地理元数据组织管理研究 [J]. 地理与地理信息科学, 19(2):11-14.

化柏林,2013. 多源信息融合方法研究[J]. 情报理论与实践,36(11):16-19.

贾哲,2012. 分布式环境中信息挖掘与隐私保护相关技术研究[D]. 北京:北京邮电大学.

雷德龙,郭殿升,陈崇成,等,2014. 基于 MongoDB 的矢量空间数据云存储与处理系统[J]. 地球信息科学学报,16(4): 507-516.

李德仁,邵振峰,2009. 论新地理信息时代[J]. 中国科学(F 辑:信息科学),39(6):579-587.

李广建,杨林,2012. 大数据视角下的情报研究与情报研究技术[J]. 图书与情报(6):1-8.

李国杰,程学旗,2012. 大数据研究:未来科技及经济社会发展的重大战略领域——大数据的研究现状与科学思考[J]. 中国科学院院刊,27(6):647-657.

李平荣,2014. 大数据时代的数据挖掘技术与应用[J]. 重庆三峡学院学报,30(3):45-47.

梁珺,郑辉,2007. 空间数据融合的多尺度转换[J]. 中国资源综合利用,25(11):39-42.

刘晓蕊,李欣,周俭,2007. 多元地理数据管理技术研究[J]. 计算机工程与设计,28(22):

5540-5543.

陆锋,张恒才,2014.大数据与广义 GIS[J].武汉大学学报(信息科学版),39(6):645-654.

陆嘉恒,2013. 大数据挑战与 NoSQL 数据库技术[M]. 北京:电子工业出版社.

马家奇,2014.公共卫生大数据应用[J].中国卫生信息管理 (2):174-177.

孟小峰,慈祥,2013.大数据管理:概念、技术与挑战[J].计算机研究与发展,50(1): 146-169.

彭南博,2012.数据挖掘技术在海量天文数据上的应用和研究[D].北京:中国科学院国家天文台.

王家耀,魏海平,成毅,等,2004.时空 GIS 的研究与进展[J].海洋测绘,24(5):1-4.

王璐,孟小峰,2014.位置大数据隐私保护研究综述[J].软件学报,25(4):693-712.

魏琼,卢炎生,2008.位置隐私保护技术研究进展[J].计算机科学,35(9):21-25.

武继磊,王劲峰,郑晓瑛,等,2003.空间数据分析技术在公共卫生领域的应用[J].地理科学进展,22(3):219-228.

肖筱华,周栋,2014.大数据技术及标准发展研究[J].信息技术与标准化(4):34-38.

张师超,1993.时态关系代数与元组演算的等价性[J].计算机学报,16(12):936-939.

赵鹏军,李铠,2014.大数据方法对于缓解城市交通拥堵的作用的理论分析[J].现代城市研究(10):25-30.

赵永恒,2014.大规模天文光谱巡天[J].中国科学(物理学力学天文学),44(10):1041-1048.

中国大百科全书总编辑委员会,2009.中国大百科全书[M].2 版.北京:中国大百科全书出版社.

周光华,辛英,张雅洁,等,2013.医疗卫生领域大数据应用探讨[J].中国卫生信息管理,10(4):296-300.

ALBAYRAK A, WEI J, PETRENKO M, et al., 2013. Global bias adjustment for MODIS aerosol optical thickness using neural network[J]. Journal of applied remote sensing, 7(2): 516-523.

ARMSTRONG M P, 2004. Temorality in spatial[J]. ACM transactions on database systems, 29(3): 463-507.

BARABÁSI A, ALBERT R, 1999. Emergence of scaling in random networks[J]. Science, 286(5439): 509-512.

BARNES J A, 1954. Class and committees in a Norwegian island parish[J]. Human relations, 7(1): 39-58.

BENETIS R, JENSEN C S, KARCIAUSKAS G, et al., 2002. Nearest neighbor and reverse nearest neighbor queries for moving objects[C]. //Proceeding of the Sixth International Database Engineering and Applications Symposium. Edmonton[s. n.]: 44-53.

BERESFORD A R, STAJANO F, 2003. Location privacy in pervasive computing[J]. IEEE pervasive computing, 2(1): 46-55.

BIGGAR H, 2007. Experiencing in data de-duplication: improving efficiency and reducing capacity requirements[R]. Milford: The Enterprise Strategy Group.

CHAKKA V P, EVERSPAUGH A, PATEL J M, 2003. Indexing large trajectory data sets with SETI[C]. //Proceeding of the Conference on Innovative Data Systems Research(CIDR). New

York: ACM:164-175.

CHAKRABARTI D,FALOUTSOS C,2006. Graph mining: laws, generators, and algorithms [J]. ACM Computing Surveys (CSUR), 38 (1): 2.

CHEN L, TAMER Ö M,ORIA V ,2010. Robust and fast similarity search for moving object trajectories[C]//Proceeding of SIGMOD. New York: ACM: 491-502.

CHEN Z,SHEN H T,ZHOU X,et al., 2010. Searching trajectories by locations—an efficiency study[C]// Proceeding of SIGMOD. New York: ACM: 255-266.

CHENG Z,CAVERLEE J,LEE K, 2010. You are where you tweet: a content-based approach to geo-locating twitter users[C]// Proceedings of the 19th ACM International Conference on Information and Knowledge Management. New York:ACM:759-768.

CHODOROW C, 2010. Introduction to MongoDB [EB/OL]. [2010-03-27]. http://cdn.oreillystatic.com/en/assets/1/event/45/Introduction%20to%20MongoDB%20Presentation.pdf.

CRAMPTON J W,GRAHAM M,POORTHUIS A,et al.,2013. Beyond the geotag: situating 'big data' and leveraging the potential of the geoweb [J]. Cartography and geographic information science,40(2):130-139.

DIETTERICH TLATHROP R, LOZANO-P'EREZ T, 1997. Solving the multiple-instance problem with axis-parallel rectangles[J]. Artificial intelligence(89):31-71.

ELDAWY A,MOKBEL M F, 2013. A demonstration of spatial Hadoop:an efficient MapReduce framework for spatial data[C] //Proceedings of the 39th International Conference on Very Large Data Bases. Trento: VLDB Endowment:1230-1233.

EVANS,MICHAEL R,2014. Big data: techniques and technologies in geoinformatics [M]. [S.l.]:CRC Press:149.

FRENTZOS E, GRATSIAS K, PELEKIS N, et al., 2007. Algorithms for nearest neighbor searchon moving object trajectories[J]. Geoinformatica, 11(2): 159-193.

GADIA S K,YEUNG C, 1991. Inadequacy of interval timestamps in temporal databases[J]. Information sciences, 54:1-22.

GALHARDAS H, FLORESCU D, SHASHA D, et al., 2001. Declarative data cleaning: language, model and algorithms[C] //Proceedings of the 27th International Conference on Very Large Data Bases. Roma: Morgan Kaufmann: 371-380.

GOODCHILD M F, 2007. Citizens as sensors: the world of volunteered geography [J]. GeoJournal, 69 (4): 211-221.

GROSS N,1999. The earth will don an electronic skin[EB/OL]. [1999-08-16]. http: //www.businessweek.com/1999/99_35/b364402.html.

HAN B, 2006. A statistical complement to deterministic algorithms for the retrieval of aerosol optical thickness from radiance data[J]. Engineering applications of artificial intelligence, 19 (7):787-795.

HAZELTON N W J, 1991. Integrating time, dynamic modelling and geographic information system development of four-dimensional GIS[D]. Melbourne: University of Melbourne.

JACOBS A,2009. The pathologies of big data[J]. Communications of the ACM,52(8):36-44.

JAKUS G, MILUTINOVIC V, OMEROVIC S, et al., 2013. Concepts, ontologies, and knowledge representation[M]. London: Springer-Verlag.

KOLMOGOROV V,2006. Convergent tree-reweighted message passing for energy minimization [J]. IEEE transactions on pattern analysis and machine intelligence,28(10):1568-1583.

LAFFERTY J, MCCALLUM A, PEREIRA F, 2001. Conditional random fields: probabilistic models for segmenting and labeling sequence data[C]//Proceedings International Conference on Machine Learning. Madison:Omnipress:282-289.

LANGRAN G,1992. Time in geographic information system[M]. London: Taylor & Francis Ltd. : 121-157.

LANGRAN G,CHRISMAN N R,1988. A framework for temporal geographic information [J]. Cartographica,25(3):1-14.

LEE J G,HAN J, WANG K Y,2007. Trajectory clustering: a partition-and-group framework [C]// Proceeding of SIGMOD. New York: ACM: 593-604.

MANYIKA J,CHUI M,BROWN B,et al.,2011. Big data: the next frontier for innovation, competition, and productivity[R]. [S. l.]: McKinsey Global Institute.

MARON O, 1998. Learning from ambiguity [D]. Cambridge: Massachusetts Institute of Technology.

MAYER-SCHONBERGER V,CUKIER K,2013. Big data: a revolution that will transform how we live,work,and think[M]. Boston:Houghton Mifflin Harcourt.

MENG X F, LUO D, 2003. DSTI'MOD: a discrete spatio-temporal trajectory based moving object database system[J]. The VLDB Journal, 31(17):444-453.

NASCIMENTO M, SILVA J, 1998. Towards historical r-trees[C]//Proceedings of the 1998 ACM Symposium on Applied Computing. New York: ACM: 235-240.

PÁl E, RÉNYI A,1959. On random graphs,I[J]. Publicationes Mathematicae, 6: 290-297.

PALLA G, BARABÁSI A, VICSEK T, 2007. Quantifying social group evolution[J]. Nature, 446 (7136): 664-667.

PAYET N,TODOROVIC S,2010. (RF)^2-Random forest random field[J]. Neural information processing systems(NIPS),1:1-9.

QIN T,LIU T,ZHANG X,et al.,2008. Global ranking using continuous conditional random fields [C]//Proceedings of the Advances in Neural Information Processing Systems. Vancouver:NIPS:1281-1288.

RADOSAVLJEVIC V, VUCETIC S, OBRADOVIC Z, 2010. Continuous conditional random fields for regression in remote sensing[C]//Proceedings of the 19th European Conference on Artificial Intelligence. Netherlands:IOS Press:809-814.

RAHM E, DO H H, 2000. Data cleaning: problems and current approaches [J]. IEEE data engineering bulletin,23(4):3-13.

RAMAN V,HELLERSTEIN J,2001. Potter's wheel: an interactive data cleaning system[C] //

Proceedings of the 27th International Conference on Very Large Data Bases. Roma: Morgan Kaufmann: 381-390.

ROUSSOPOULOS N, KELLEY S, VINCENT F, 1995. Nearest neighbor queries [C]// Proceedings of the ACM SIGMOD International Conference on Management of Data. New York: ACM: 71-79.

SOLBERG A H S, TAXT T, JAIN A K, 1996. A Markov random field model for classification of multisource satellite imagery[J]. IEEE tansactions on geoscience and remote sensing, 34(1): 100-113.

SUI D, SARAH E S, GOODCHILD M, 2013. Crowdsourcing geographic knowledge: volunteered geographic information (VGI) in theory and practice[M]. New York: Springer.

TAO Y, PAPADIAS D, 2001. MV3R-tree: a spatio-temporal access method for timestamp and intervalqueries[C]//Proceedings of the 27th International Conference on Very Large Data Bases. San Francisco: Morgan Kaufmann Publishers Incorporated: 431-440.

TAO Y, PAPADIAS D, SHEN Q, 2002. Continuous nearest neighbor search[C] // Proceedings of the 28th International Conference on Very Large Data Bases. Hong Kong: VLDB Endowment: 287-298.

TAPPEN M F, LIU C, ADELSON E H, et al., 2007. Learning Gaussian conditional random fields for low-level vision [C]//IEEE Conference on Computer Vision and Pattern Recognition. Piscataway: IEEE Publishing: 1-8.

TOYODA T, HASEGAWA O, 2008. Random Field model for integration of local information and global information[J]. IEEE transactions on pattern analysis and machine intelligence, 30 (8): 1483-1489.

VORA M N, 2011. Hadoop-HBase for large-scale data [C]//Proceeding of International Conference on Computer Science and Network Technology. Piscataway: IEEE Publishing: 601-605.

WANG R. Y, STOREY V C, FIRTH C P, 2005. A Framework for analysis of data quality research[J]. IEEE transaction on knowledge and data engineering, 7(4): 623-640.

WATTS D J, STROGATEZ S H, 1998. Collective dynamics of 'small-world' networks [J]. Nature, 393(6684): 440-442.

WORBOYS M F, 1992. Object-oriented models of spatio-temporal information[C]// Proceedings of GIS. Atlanta: ACSM: 825-834.

WORBOYS M F, 2005. Event-oriented approaches to geographic phenomena [J]. International journal of geographical information science, 19(1): 1-28.

XU Guanhua, 1999. Pay Much Attention to the Digital Earth[J]. Science News Weekly(1): 7-8.

YANNIS T, MICHAEL V, TIMOS, 1996. Spatio-temporal indexing for large multimedia applications[C]//Proceeding of Multimedia IEEE. Piscataway: IEEE Publishing: 441-448.

ZHENG Y, ZHOU X F, 2011. Computing with spatial trajectories[M]. New York: Springer.